本試験型
算数検定 8級
試験問題集

成美堂出版

本書の使い方

　本書は，算数検定8級でよく問われる問題を中心にまとめた本試験型問題集です。本番の検定を想定し，計5回分の問題を収録していますので，たっぷり解くことができます。解答や重要なポイントは赤字で示していますので，付属の赤シートを上手に活用しましょう。

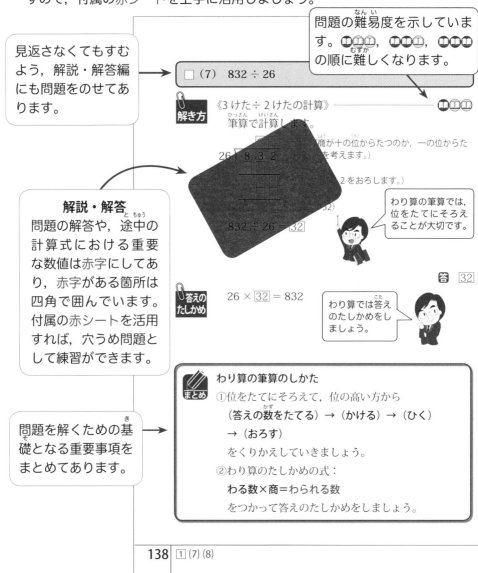

> 問題の難易度を示しています。🔲🔲🔲，🔲🔲🔲，🔲🔲🔲の順に難しくなります。

> 見返さなくてもすむよう，解説・解答編にも問題をのせてあります。

☐ (7)　832 ÷ 26

解き方　《3けた÷2けたの計算》　🔲🔲🔲
筆算で計算します。

26) 8 3 2

（商が十の位からたつのか，一の位からた　を考えます。）

（　2をおろします。）

832 ÷ 26 = 32

> わり算の筆算では，位をたてにそろえることが大切です。

解説・解答
問題の解答や，途中の計算式における重要な数値は赤字にしてあり，赤字がある箇所は四角で囲んでいます。付属の赤シートを活用すれば，穴うめ問題として練習ができます。

答　32

答えのたしかめ　26 × 32 = 832

> わり算では答えのたしかめをしましょう。

> 問題を解くための基礎となる重要事項をまとめてあります。

まとめ　わり算の筆算のしかた

①位をたてにそろえて，位の高い方から
　（答えの数をたてる）→（かける）→（ひく）
　→（おろす）
　をくりかえしていきましょう。

②わり算のたしかめの式：
　わる数×商＝わられる数
　をつかって答えのたしかめをしましょう。

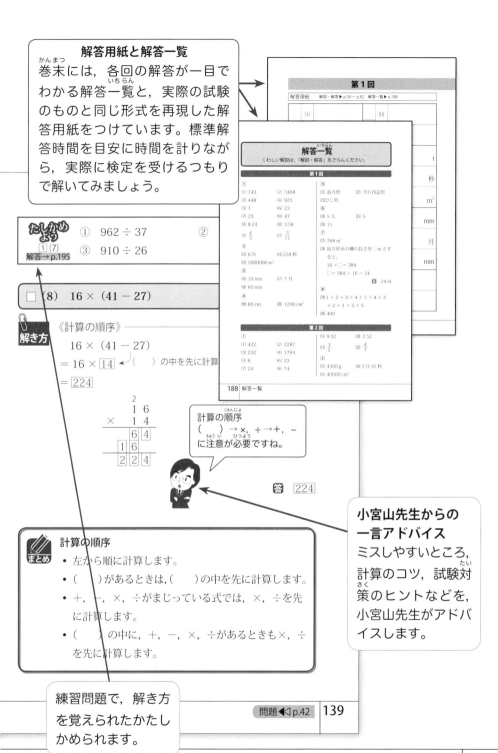

解答用紙と解答一覧

巻末には，各回の解答が一目でわかる解答一覧と，実際の試験のものと同じ形式を再現した解答用紙をつけています。標準解答時間を目安に時間を計りながら，実際に検定を受けるつもりで解いてみましょう。

たしかめよう
1(7)
解答→p.195

① 962 ÷ 37　　②
③ 910 ÷ 26

□ (8)　16 × (41 − 27)

解き方

《計算の順序》

16 × (41 − 27)
= 16 × 14　←（　）の中を先に計算
= 224

```
      2
    1 6
  ×   1 4
    6 4
  1 6
  2 2 4
```

計算の順序
（　）→ ×，÷ → ＋，−
に注意が必要ですね。

答　224

小宮山先生からの一言アドバイス

ミスしやすいところ，計算のコツ，試験対策のヒントなどを，小宮山先生がアドバイスします。

まとめ　計算の順序

- 左から順に計算します。
- （　）があるときは，（　）の中を先に計算します。
- ＋，−，×，÷がまじっている式では，×，÷を先に計算します。
- （　）の中に，＋，−，×，÷があるときも×，÷を先に計算します。

練習問題で，解き方を覚えられたかたしかめられます。

問題◀ p.42　139

3

目　次

算数検定 8 級の内容 …………………………………………… 5

8 級でよく出る問題 ……………………………………………… 8

問　題

第 1 回 ………………………………………………………… 17

第 2 回 ………………………………………………………… 25

第 3 回 ………………………………………………………… 33

第 4 回 ………………………………………………………… 41

第 5 回 ………………………………………………………… 49

解説・解答

第 1 回 ………………………………………………………… 58

第 2 回 ………………………………………………………… 83

第 3 回 ………………………………………………………… 109

第 4 回 ………………………………………………………… 134

第 5 回 ………………………………………………………… 162

解答一覧 ……………………………………………………… 188

たしかめよう解答 …………………………………………… 192

解答用紙 ……………………………………………………… 198

算数検定 8 級の内容

算数検定 8 級の検定内容

●出題範囲

　実用数学技能検定は，公益財団法人日本数学検定協会が実施している検定試験です。

　1 級から 11 級までと，準 1 級，準 2 級をあわせて，13 階級あります。そのなかで，1 級から 5 級までは「数学検定」，6 級から 11 級までは「算数検定」と呼ばれています。

　検定内容は，A グループから M グループまであり，8 級はそのなかの J グループと K グループからそれぞれ 45％ずつ，特有問題から 10％程度出題されることになっています。

　また，8 級の出題内容のレベルは【小学校 4 年程度】とされています。

8 級の出題範囲

J グループ	整数の四則混合計算，小数・同分母の分数の加減，概数の理解，長方形・正方形の面積，基本的な立体図形の理解，角の大きさ，平行・垂直の理解，平行四辺形・ひし形・台形の理解，表と折れ線グラフ，伴って変わる 2 つの数量の関係の理解，そろばんの使い方　など
K グループ	整数の表し方，整数の加減，2 けたの数をかけるかけ算，1 けたの数でわるわり算，小数・分数の意味と表し方，小数・分数の加減，長さ・重さ・時間の単位と計算，時刻の理解，円と球の理解，二等辺三角形・正三角形の理解，数量の関係を表す式，表や棒グラフの理解　など

●検定時間と問題数

8級の検定時間と問題数，合格基準は次のとおりです。

検定時間	問題数	合格基準
50分	30問	全問題の70%程度

なお，解答欄には単位があらかじめ記載されていますが，一部の問題では単位も含めて解答を記入する場合がありますので，注意しましょう。

算数検定 8 級の受検方法

●受検方法

算数検定は，個人受検，団体受検，提携会場受検が行われています。

申込み方法は，個人受検の場合，「インターネット」，「郵送」，「コンビニ」などによる申込み方法があります。

団体受検の場合は，学校や塾などを通じて申し込みます。

●受検資格

原則として受検資格は問われません。誰でもどの級からでも受検できます。

●合否の確認

各検定日の約3週間後に，日本数学検定協会ホームページにて，インターネットを利用して検定の合否のみ確認することができます。

結果発表は，検定日から 30 ～ 40 日を目安に，検定結果通知・証書が郵送されます。

　団体受検者には，団体の担当者あてにまとめて，個人受検者には，受検者へ直接送られます。

＊受検方法など試験に関する情報は変更になる場合がありますので，事前に必ずご自身で試験実施団体などが発表する最新情報をご確認ください。

公益財団法人 日本数学検定協会
　　　〒 110-0005
　　　東京都台東区上野 5-1-1　文昌堂ビル 6 階
＜個人受検に関する問合せ＞
　　　TEL：03-5812-8349
＜団体受検・提携会場受検に関する問合せ＞
　　　TEL：03-5812-8341
　　　ホームページ：https://www.su-gaku.net/

8級でよく出る問題

8級で出題される問題の中で，ポイントとなる項目についてまとめました。

8級では，大問の1番と2番は次のように毎回同じタイプの問題が出題されています。基本的な問題ですから，確実に得点できるようにしておきましょう。

① （12問）整数・小数・分数の四則計算
② （3問）時間・重さ・長さ・面積の単位の問題

数の計算 ━━━━━━━━━━━━━━━━━━━━━●

整数，小数，分数の四則計算（たし算，ひき算，かけ算，わり算）の方法を確認し，くり返し練習しましょう。また，かっこや四則計算がまじった式では，

かっこ内の計算→かけ算・わり算→たし算・ひき算

の順で計算することに注意しましょう。

ポイント

（1）（整数）＋（整数），（整数）－（整数）の計算
筆算で計算します。

例
```
  1 1
  5 7 6
+ 3 6 5
───────
  9 4 1
```
一の位と十の位から，それぞれ1くり上げた数をたすのをわすれないようにしましょう。

例
```
    4 2 3
  5 3 4 5
-   1 6 5 7
  3 6 8 8
```

ひけないときは１つ上の
位から１くり下げてひ
きます。くり下げたこと
をわすれないようにしま
しょう。

(2) （整数）×（整数）の計算

筆算で計算します。

例

```
    5 6
×     7
```
⇒ 一の位の計算
```
      4
    5 6
×     7
      2
```
⇒ 十の位の計算
```
      4
    5 6
×     7
  3 9 2
```
$(5 \times 7 + 4)$

一の位の計算からくり上がった
数をたすことに注意しましょう。

例

```
    3 6
×   2 8
```
⇒ 一の位の計算
```
      4
    3 6
×   2 8
  2 8 8
```
⇒ 十の位の計算
```
      1
    3 6
×   2 8
  2 8 8
  7 2
1 0 0 8
```

一の位, 十の位のどちらの
かけ算も, くり上がる数を
たすのをわすれないように
しましょう。

（3）（整数）÷（整数）の計算

筆算で計算します。

例

```
        3 2
    3) 9 6
       9      ← （3 × 3）
       6      ← （6 をおろします。）
       6      ← （3 × 2）
       0      ← （6 − 6）
```

例

```
              2 6   ← （まず商が十の位からたつのか，一の位から
      29) 7 5 4         たつのかを考えます。）
          5 8    ← （29 × 2）
          1 7 4  ← （75 − 58, 4 をおろします。）
          1 7 4  ← （29 × 6）
              0  ← （174 − 174）
```

> わり算の筆算では，位をたて
> にそろえることが大切です。

（4）四則計算

計算の順番に注意しましょう。

例

$$72 + 18 \div 9$$
$$= 72 + 2$$
$$= 74$$

＋より÷を
先に計算します。

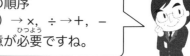

> 計算の順序
> （　　）→ ×, ÷ → +, −
> に注意が必要ですね。

（5）（小数）＋（小数），（小数）−（小数）の計算

筆算で計算します。

例

$$
\begin{array}{r}
\overset{1}{}\overset{1}{} \\
2.\,3\,5 \\
+\ 5.\,8\,9 \\
\hline
8.\,2\,4
\end{array}
$$

← 位をそろえて書きます。

← 整数のときと同じように計算し，小数点を上と同じ位置にうちます。

例

$$
\begin{array}{r}
\overset{5}{}\overset{0}{} \\
6.\,\overset{}{1}\,4 \\
-\ 3.\,5\,6 \\
\hline
2.\,5\,8
\end{array}
$$

← 位をそろえて書きます。

← 整数のときと同じように計算し，小数点を上と同じ位置にうちます。

(6)（分数）＋（分数），（分数）－（分数）の計算

　分数の計算で答えが真分数にならないとき，仮分数と帯分数のどちらで答えてもかまいません。

例
$$\frac{3}{7} + \frac{5}{7} = \frac{8}{7} \quad \left(1\frac{1}{7}\right)$$
← 分母が同じときは，分母はそのままで分子どうしをたします。

例
$$\frac{7}{13} - \frac{4}{13} = \frac{3}{13}$$
← 分母が同じときは，分母はそのままで分子どうしをひきます。

時間・重さ・長さ・面積の単位 ●

　時間・重さ・長さ・面積の単位を変換できるようにしましょう。

ポイント

時間の単位：1分＝ 60 秒，1時間＝ 60 分，1日＝ 24 時間

例　　4分 37 秒 ＝ 60 秒× 4 ＋ 37 秒 ＝ 277 秒

$$384 \text{秒} = 360 \text{秒} + 24 \text{秒} = 60 \text{秒} \times 6 + 24 \text{秒}$$
$$= 6 \text{分} 24 \text{秒}$$

重さの単位：1 t = 1000 kg, 1 kg = 1000 g

　　　　　　　1 kg = 0.001 t, 1 g = 0.001 kg

例　　4500 kg = 4000 kg + 500 kg

　　　　　　　= 1000 kg × 4 + 100 kg × 5

　　　　　　　= 4 t + 0.5t = 4.5t

　　7.2 kg = 7 kg + 0.2 kg = 1 kg × 7 + 0.1 kg × 2

　　　　　　= 7000g + 200g = 7200g

長さの単位：1 km = 1000 m, 1 m = 100 cm, 1 cm = 10 mm

　　　　　　　1 m = 0.001 km, 1 cm = 0.01 m, 1 mm = 0.1 cm

例　　740 cm = 700 cm + 40 cm

　　　　　　　= 100 cm × 7 + 10 cm × 4

　　　　　　　= 7 m + 0.4 m = 7.4 m

　　5.6 km = 5 km + 0.6 km = 1 km × 5 + 0.1 km × 6

　　　　　　= 5000 m + 600 m = 5600 m

面積の単位：$1 \text{ km}^2 = 1000000 \text{ m}^2$, $1 \text{ m}^2 = 10000 \text{ cm}^2$,

　　　　　　　$1\text{ha} = 10000 \text{ m}^2$,

　　　　　　　$1\text{a} = 100 \text{ m}^2$, 1 ha = 100 a

例　　$8 \text{ km}^2 = 1 \text{ km}^2 \times 8 = 1000000 \text{ m}^2 \times 8$

　　　　　　　$= 8000000 \text{ m}^2$

　　6 ha = 1 ha × 6 = 100 a × 6 = 600 a

　大問の3番以降で出題されている内容では，がい数，図形，グラフなどがよく出題されています。

がい数

指示された位(くらい)のすぐ下の位の数(かず)を四捨五入(ししゃごにゅう)します。

ポイント

大きな数では，どの数字が何(なん)の位の数かをまず調(しら)べましょう。

例

$$6\ 5\ 7\ 4\ 1\ 8$$

十万の位 一万の位 千の位 百の位 十の位 一の位

一万の位までのがい数

千の位の数を四捨五入すると，切り上げになります。

$$\overset{10000}{657418} \quad \rightarrow \quad 660000$$

千の位までのがい数

百の位の数を四捨五入すると，切り捨(す)てになります。

$$\overset{000}{657418} \quad \rightarrow \quad 657000$$

図形

長方形(ちょうほうけい)の面積＝たて×横(よこ)　　正方形(せいほうけい)の面積＝1辺(ぺん)×1辺

ポイント

いろいろな形の面積を，長方形と正方形の面積の公式を利用して求めます。

例　　図のような形の面積を求(もと)めましょう。

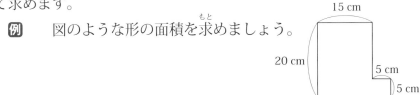

15 cm

20 cm

5 cm

5 cm

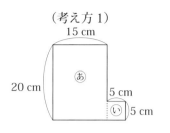

（考え方1）

あの面積：$20 \times 15 = 300$

いの面積：$5 \times 5 = 25$

あ＋い：$300 + 25 = 325$

$\underline{325 \text{ cm}^2}$

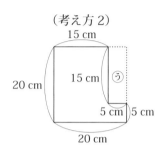

（考え方2）

一辺 20cm の正方形の面積は，

$20 \times 20 = 400$

うの面積：$15 \times 5 = 75$

正方形－う：$400 - 75 = 325$

$\underline{325\text{cm}^2}$

いろいろな四角形

台形…………向かい合った 1 組の辺が平行な四角形

平行四辺形…向かい合った 2 組の辺が平行な四角形

$\left\{ \begin{array}{l} \text{せいしつ（1）} \qquad \text{向かい合った辺の長さは等しい。} \\ \qquad\quad \text{（2）} \qquad \text{向かい合った角の大きさは等しい。} \end{array} \right.$

ひし形………4 つの辺の長さがすべて等しい四角形

$\left\{ \begin{array}{l} \text{せいしつ（1）} \qquad \text{向かい合った辺は平行。} \\ \qquad\quad \text{（2）} \qquad \text{向かい合った角の大きさは等しい。} \end{array} \right.$

長方形………4 つの角がすべて等しい四角形

正方形………4 つの辺と 4 つの角がすべて等しい四角形

ポイント

いろいろな四角形の特ちょうを理かいしましょう。

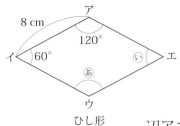

ひし形

辺アエの長さは，8cm

辺アエと平行な辺は，<u>辺イウ</u>

ⓐ，ⓘの角度は，<u>ⓐ 120°，ⓘ 60°</u>

いろいろな四角形の対角線の特ちょう

名前／特ちょう	台形	平行四辺形	ひし形	長方形	正方形
2本の対角線の長さは等しい。	×	×	×	○	○
2本の対角線が交わった点でそれぞれが2等分される。	×	○	○	○	○
2本の対角線が交わった点から4つの頂点までの長さが等しい。	×	×	×	○	○
2本の対角線が垂直になっている。	×	×	○	×	○

ポイント

いろいろな四角形の対角線の特ちょうを理かいしましょう。

グラフ ━━━━━━━━━━━━━━━━━━━━━━━━━━━━━━●

> ぼうグラフ……ものの量をぼうの長さで表すので比べやすい。
> 折れ線グラフ……ものの変化のようすを折れ線で表すのでわ
> 　　　　　かりやすい。

ポイント

　折れ線グラフでは，変わり方が大きいところほど，線のかたむきが急になります。

例 　図の折れ線グラフは，しんごさんのクラスで気温を1時間ごとに調べたものです。

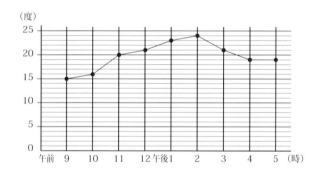

・気温の上がり方がいちばん大きかったのは何時と何時の間でしょうか。

　　線のかたむきが急に上がっているのは，

　　　　　　　　午前10時と午前11時の間です。

・気温の下がり方がいちばん大きかったのは何時と何時の間でしょうか。

　　線のかたむきが急に下がっているのは，

　　　　　　　　午後2時と午後3時の間です。

第1回　算数検定

8級

─── 検定上の注意 ───

1. 検定時間は **50分**です。
2. **ものさし・分度器・コンパス**を使用することができます。**電卓**を使用することはできません。
3. 答えはすべて**解答用紙**に書いてください。

＊解答用紙は 198 ページ

1 次の計算をしましょう。 （計算技能）

（1） $468 + 275$

（2） $6237 - 2769$

（3） 64×7

（4） 37×25

（5） $63 \div 9$

（6） $46 \div 2$

（7） $874 \div 38$

（8） $38 + 63 \div 7$

（9） $3.46 + 4.78$

（10） $7.24 - 3.66$

（11） $\dfrac{3}{5} + \dfrac{1}{5}$

（12） $\dfrac{7}{11} - \dfrac{4}{11}$

2 次の □ にあてはまる数を求めましょう。

(13) 6700 kg = □ t

(14) 3分48秒 = □ 秒

(15) 5km² = □ m²

3 下のグラフは，たかしさんの町の月別の降水量を表しています。これについて，次の問題に答えましょう。

(統計技能)

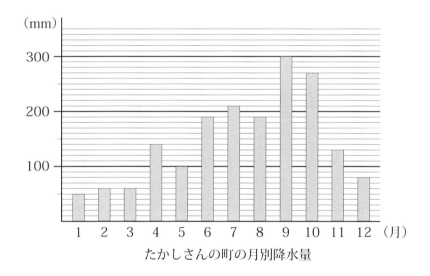

たかしさんの町の月別降水量

(16) たてのじくの1めもりは何mmを表していますか。

（17）降水量の多いほうから数えて 3 番めの月は何月ですか。

（18）6 月の降水量は 11 月の降水量より何 mm 多いですか。

4 　下の図のように，長方形の中に半径 10 cm の 3 つの円がぴったり入っています。このとき，次の問題に単位をつけて答えましょう。

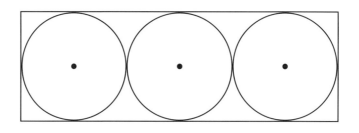

（19）この長方形の横の長さは何 cm ですか。

（20）この長方形の面積は何 cm^2 ですか。

5　次の図は，四角形の対角線を書いたものです。これについて，次の問題に答えましょう。

あ　　　　　　　　　い　　　　　　　　　う

（21）対角線があのように交わっている四角形の名前を書きましょう。

（22）対角線がいのように交わっている四角形の名前を書きましょう。

（23）対角線がうのように交わっている四角形の名前を書きましょう。

6

右の表は，まゆみさんのクラスで犬とねこの好ききらい調べをしたものです。これについて，次の問題に答えましょう。

（統計技能）

番号	犬	ねこ
1	○	○
2	×	○
3	○	×
4	×	×
5	○	×
6	○	○
7	×	×
8	○	×
9	×	○
10	○	○

番号	犬	ねこ
11	×	×
12	×	○
13	○	○
14	○	○
15	×	×
16	○	×
17	×	×
18	○	×
19	×	○
20	×	○

○…好き　×…きらい

（24）犬が好きでねこがきらいな人は何人いますか。

この結果を下のような表に整理します。

		ねこ 好き	ねこ きらい	合計
犬	好き	6		ⓘ
犬	きらい	4	ⓐ	
合計		10		20

（25）表のⓐにあてはまる数を答えましょう。

（26）表のⓘにあてはまる数を答えましょう。

7 　図のように大きな長方形の土地の中に小さな長方形の土地があります。次の問題に答えましょう。

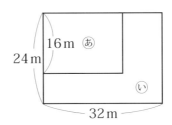

16m　あ
24m
32m
い

（27）大きな長方形の土地の面積は何 m² ですか。

（28）あといの面積が同じになるようにするには，小さな長方形の土地の横の長さを何 m にすればよいでしょうか。この問題は，計算の途中の式と答えを書きましょう。

8 下の式は，あるきまりにしたがってならんでいます。これについて，次の問題に答えましょう。 （整理技能）

1番め $\qquad$ $1 = 1 \times 1$

2番め $\qquad$ $1 + 2 + 1 = 2 \times 2$

3番め $\qquad$ $1 + 2 + 3 + 2 + 1 = 3 \times 3$

4番め $\qquad$ $1 + 2 + 3 + 4 + 3 + 2 + 1 = 4 \times 4$

5番め

⋮ ⋮

(29) 5番めの □ にあてはまる式を書きましょう。

(30) $1 + 2 + 3 + \cdots + 19 + 20 + 19 + 18 \cdots + 3 + 2 + 1$
を計算しましょう。

解説・解答▷ p.80 ～ p.81

第2回 算数検定

8級

―― 検定上の注意 ――

1. 検定時間は **50分**です。
2. **ものさし・分度器・コンパス**を使用することができます。**電卓**を使用することはできません。
3. 答えはすべて**解答用紙**に書いてください。

＊解答用紙は200ページ

1 次の計算をしましょう。 （計算技能）

(1) $264 + 158$

(2) $4234 - 1947$

(3) 58×4

(4) 46×39

(5) $48 \div 8$

(6) $69 \div 3$

(7) $840 \div 35$

(8) $65 + 45 \div 5$

(9) $7.5 + 1.82$

(10) $5.32 - 2.8$

(11) $\dfrac{2}{5} + \dfrac{1}{5}$

(12) $1\dfrac{3}{7} - \dfrac{6}{7}$

2 次の □ にあてはまる数を求めましょう。

（13）4.3 kg = □ g   （14）215 秒 = □ 分 □ 秒

（15）4 m² = □ cm²

3 りんごジュースが $2\frac{2}{5}$ L ありました。ゆかりさんは1日めに $\frac{1}{5}$ L のみ，2日めに $\frac{3}{5}$ L のみました。このとき，次の問題に答えましょう。

（16）1日めと2日めで合わせて何Lのみましたか。

（17）3日めには，りんごジュースは何Lのこっていますか。

4 下の表は，A市の人口を表したものです。これについて，次の問題に答えましょう。

A市の人口

年	人口（人）
1990 年	267367
2000 年	315036
2010 年	342651

（18） 2000 年のA市の人口はおよそ何人ですか。上から 3 つめの位の数字を四捨五入して，上から 2 けたのがい数で答えましょう。

（19） 2010 年の人口は，1990 年の人口よりおよそ何人多いですか。百の位の数字を四捨五入して，千の位までのがい数で答えましょう。

5 箱あには，すなが 9.37kg，箱いには，すなが 2.63kg 入っています。このとき，次の問題に答えましょう。

（20） 箱あのすなは，箱いのすなより何 kg 重いですか。この問題は，計算の途中の式と答えを書きましょう。

（21） 2つの箱のすなを合わせて箱⑤に入れてから、箱⑥と箱⑦に入れなおします。箱⑥のすなの重さが箱⑦のすなの重さの3倍になるようにするとき、箱⑥に入れるすなの重さは何 kg になりますか。

6 下の表は、まわりの長さが 18 cm の長方形のたてと横の長さの関係を表したものです。これについて、次の問題に答えましょう。

たての長さ（cm）	1	2	3	4	5	
横の長さ（cm）	8	7	6	5	4	

（22） たての長さを○ cm、横の長さを△ cm として、○と△の関係を式に表しましょう。（表現技能）

（23） 横の長さが 2cm のとき、たての長さは何 cm ですか。

7 下の図の⑭，⑰の角度はそれぞれ何度ですか。分度器を使ってはかりましょう。 （測定技能）

（24）

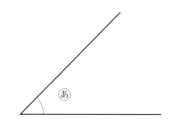

（25）

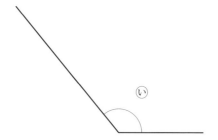

8 図の展開図をくみたててできる立方体について，次の問題に答えましょう。

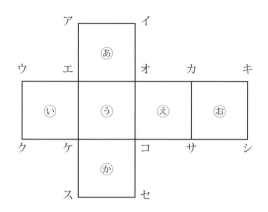

（26）辺スセと重なる辺はどれでしょうか。

（27）点アと重なる点はどれでしょうか。全部答えましょう。

（28）面⑰と垂直になる面はどれでしょうか。全部答えましょう。

9 さとるさんとけんじさんがゲームをくりかえし行います。2人ともはじめにもち点を 10 点もっていて，ゲームにかったらもち点は 3 点ふえ，まけるともち点は 1 点へり，ひき分けのときは 2 人ともももち点は 1 点ふえるとします。ゲームの結果が下の表で表されているとき，次の問題に答えましょう。

回　数	1	2	3	4	……
さとるさん	○	△	×	○	……
けんじさん	×	△	○	×	……

○…かち，　×…まけ，　△…ひき分け

（29）ゲームが 4 回終わった時点で，さとるさんのもち点はけんじさんのもち点より何点多くなっていますか。

（30）ゲームが 7 回終わった時点で 2 人のもち点の合計は何点になりますか。

第3回　算数検定

8級

―― 検定上の注意 ――

1. 検定時間は **50分**です。
2. **ものさし・分度器・コンパス**を使用することができます。**電卓**を使用することはできません。
3. 答えはすべて**解答用紙**に書いてください。

＊解答用紙は 202 ページ

Ⓒ 成美堂出版

1 次の計算をしましょう。 （計算技能）

つぎ けいさん

(1) $546 + 277$

(2) $7215 - 4786$

(3) 48×6

(4) 69×28

(5) $42 \div 7$

(6) $68 \div 2$

(7) $644 \div 28$

(8) $16 + 72 \div 8$

(9) $4.87 + 2.35$

(10) $7.37 - 2.89$

(11) $\dfrac{2}{7} + \dfrac{3}{7}$

(12) $\dfrac{8}{13} - \dfrac{6}{13}$

2 次の □ にあてはまる数を求めましょう。

(13) 480 g = □ kg　　　　(14) 7.3 km = □ m

(15) 900000 cm² = □ m²

3 下のグラフは，ある日の気温を1時間ごとに調べたものです。これについて，次の問題に答えましょう。

（統計技能）

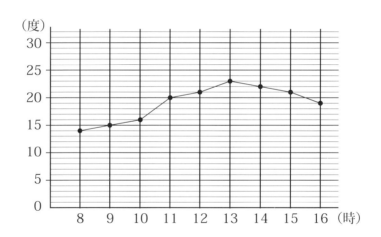

(16) 11時の気温は何度ですか。

(17) 15時と気温が同じだったのは何時ですか。

（18）気温の上がり方がいちばん大きかったのは，何時と何時の間ですか。①から⑥までの中から1つ選んで，その番号で答えましょう。

① 8時と9時の間

② 9時と10時の間

③ 10時と11時の間

④ 11時と12時の間

⑤ 12時と13時の間

⑥ 13時と14時の間

4 ある数から16.78をひくところを，まちがえてたしてしまったので，答えは84.25になりました。このとき，次の問題に答えましょう。

（19）ある数はいくつですか。

（20）正しい計算をしたときの答えはいくつですか。

5 　図のように，同じ大きさの円を2つかきました。これ
について，次の問題に答えましょう。

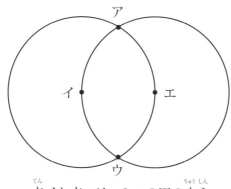

点イと点エは，2つの円の中心

(21) 点ア，イ，ウをむすんだ三角形は，どんな三角形にな
るでしょうか。

(22) 点ア，イ，エをむすんだ三角形は，どんな三角形にな
るでしょうか。

(23) 点ア，イ，ウ，エをむすんだ四角形は，どんな四角形
になるでしょうか。

6 下の図形を形と色で分けて，表にまとめました。

△ □ ▲ ■ △ ▲ ■ △ □ △
▲ ■ △ □ ▲ ■ △ □ ▲ □
□ ▲ ■ △ ▲ △ ■ △ ■

形 ＼ 色	白	黒	合計
三角形	9	6	
四角形	7	ⓐ	ⓘ
合　計	16		ⓤ

これについて，次の問題に答えましょう。（統計技能）

(24) 表のⓐにあてはまる数を答えましょう。

(25) 表のⓘにあてはまる数を答えましょう。

(26) 表のⓤにあてはまる数を答えましょう。

7 図は，大，小2つの長方形を重ねたものです。次の問題に，単位をつけて答えましょう。

(27) 大きい長方形の面積は何 cm^2 ですか。

(28) 色のついた部分の面積は何 cm^2 ですか。この問題は，計算の途中の式と答えを書きましょう。

8 1, 2, 3, 4, 5, 6の6まいのカードがあります。このカードを，けんじさん，ひろきさん，みさとさんの3人に2まいずつ配り，そこに書いてある数をたすと，けんじさんは5，ひろきさんは6になりました。このとき，次の問題に答えましょう。 （整理技能）

（29）みさとさんに配られた2まいのカードの数をたした答えを求めましょう。

（30）けんじさん，ひろきさん，みさとさんに配られた2まいのカードに書いてある数を，それぞれ全部答えましょう。

解説・解答▷▶ p.132

第4回　算数検定

8級

―― 検定上の注意 ――

1. 検定時間は **50分**です。
2. **ものさし・分度器・コンパス**を使用することができます。**電卓**を使用することはできません。
3. 答えはすべて**解答用紙**に書いてください。

＊解答用紙は 204 ページ

1 次の計算をしましょう。 （計算技能）

(1) $316 + 485$

(2) $6045 - 4268$

(3) 83×9

(4) 214×39

(5) $56 \div 8$

(6) $93 \div 3$

(7) $832 \div 26$

(8) $16 \times (41 - 27)$

(9) $0.96 + 4.28$

(10) $6.9 - 4.16$

(11) $\dfrac{4}{9} + \dfrac{1}{9}$

(12) $1\dfrac{2}{5} - \dfrac{4}{5}$

2 次の □ にあてはまる数を求めましょう。

(13) 6.3 t = □ kg   (14) 5 ha = □ m²

(15) 5 分 27 秒 = □ 秒

3 次の問題に答えましょう。

(16) 42.195km のマラソンコースのうち，23.4km 走りました。あと何 km のこっているでしょうか。

(17) 重さが 1.53kg の箱と，すなが 6.26kg あります。すなを箱に入れて全体の重さを 5kg にするとき，すなは何 kg あまりますか。

4 大きな数 46783608542 について，次の問題に答えましょう。

（18）左から 3 けための数字の 7 は，何が 7 こあることを表していますか。

（19）四捨五入して，百万の位までのがい数にしましょう。

5 次の問題に答えましょう。

（20）紙が 312 まいあります。1 人に 13 まいずつ配ると，何人に配ることができますか。この問題は，計算の途中の式と答えを書きましょう。

（21）物語の本のねだんは，まんが本の 3 倍で 1050 円です。まんが本のねだんは何円ですか。

6 　1辺が 1cm の正方形の紙をならべて，下のような形を
つくります。だんの数を 1 だん，2 だん，3 だんとふやす
とき，だんの数とできた形のまわりの長さの関係を表す表
をつくります。これについて，次の問題に答えましょう。

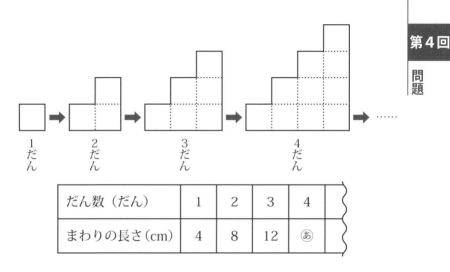

だん数（だん）	1	2	3	4
まわりの長さ(cm)	4	8	12	㋐

（22）㋐にあてはまる数を答えましょう。

（23）だんの数を○だん，まわりの長さを△ cm として，○と
　　　△の関係を式に表しましょう。　　　　　　　（表現技能）

（24）だんの数が 10 だんのとき，まわりの長さは何 cm ですか。

解説・解答▷ p.147 〜 p.153　**45**

第4回

問題

7 次の問題に答えましょう。

(25) 図の⑧の角度は何度ですか。分度器を使ってはかりましょう。 （測定技能）

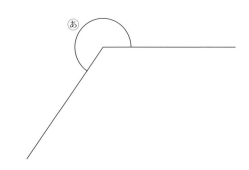

(26) 解答用紙の点アに分度器の中心を合わせて，32°の角をかきましょう。 （作図技能）

ア ⎯⎯⎯⎯⎯⎯⎯ イ

8 　図のような直方体があります。これについて、次の問題に答えましょう。

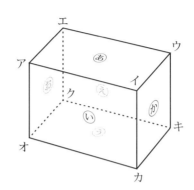

（27）面⑤と平行な辺はどれでしょうか。全部答えましょう。

（28）面⑰と垂直な面はどれでしょうか。全部答えましょう。

9 下の式は，あるきまりにしたがってならんでいます。これについて，次の問題に答えましょう。　　　　　（整理技能）

1番め　　$2 \times 2 - 1 \times 1 = 1 \times 2 + 1$

2番め　　$3 \times 3 - 2 \times 2 = 2 \times 2 + 1$

3番め　　$4 \times 4 - 3 \times 3 = 3 \times 2 + 1$

4番め　　$5 \times 5 - 4 \times 4 = 4 \times 2 + 1$

5番め　　$\boxed{}$

:
:

(29) 5番めの $\boxed{}$ にあてはまる式を書きましょう。

(30) $77 \times 77 - 76 \times 76$　を計算しましょう。

第5回　算数検定

8級

―― 検定上の注意 ――

1. 検定時間は **50分**です。
2. **ものさし・分度器・コンパス**を使用することができます。**電卓**を使用することはできません。
3. 答えはすべて**解答用紙**に書いてください。

＊解答用紙は 206 ページ

Ⓒ 成美堂出版

1 次の計算をしましょう。 （計算技能）

（1） $668 + 258$

（2） $8105 - 3867$

（3） 47×7

（4） 326×24

（5） $45 \div 5$

（6） $82 \div 2$

（7） $850 \div 34$

（8） $76 - 50 \div 2$

（9） $6.76 + 2.08$

（10） $6.43 - 3.68$

（11） $\dfrac{1}{7} + \dfrac{5}{7}$

（12） $1\dfrac{2}{7} - \dfrac{3}{7}$

2 次の ◻ にあてはまる数を求めましょう。

(13) $80000000 \ \mathrm{m}^2 = $ ◻ km^2

(14) $7 \ \mathrm{a} = $ ◻ m^2

(15) $10000 \ \mathrm{a} = $ ◻ ha

3 図のグラフは，ゆりさんが水そうに水を入れたとき，水そうの中の水の量を調べたものです。これについて，次の問題に答えましょう。 (統計技能)

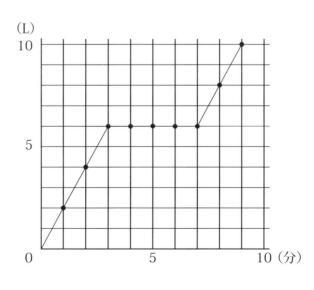

（16）ゆりさんは，水そうに水を入れたとき，途中で水を何
　　　分間かとめていました。ゆりさんが水をとめていたのは何
　　　分間でしょうか。

（17）ゆりさんは，1分間に何Lずつ水を入れましたか。

（18）もし途中で水をとめなければ，入れはじめてから何分
　　　後に水そうの水の量が10Lになったでしょうか。

4　　図のように，半径12cmの大きい円えの中に，2つの小
　　さい円いとうがあり，点アでぴったりくっついています。
　　点イ，ウ，エは3つの円い，う，えのそれぞれの中心です。
　　直線アオが3つの円の中心を通るとき，次の問題に単位
　　をつけて答えましょう。

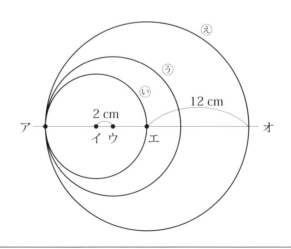

(19) 直線アイの長さは何 cm ですか。

(20) 直線イウの長さが 2 cm のとき，円⑤の直径は何 cm ですか。

5　下の図のようなひし形について，次の問題に答えましょう。

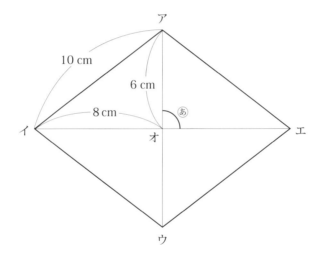

(21) 辺アエの長さは何 cm ですか。

(22) 直線ウオの長さは何 cm ですか。

(23) ⑥の角の大きさは何度ですか。

6 つるとかめが合わせて 9 ひきいます。下の表は，つる
の数，かめの数，足の数の合計の関係を表したものです。
これについて，次の問題に答えましょう。

つるの数○（ひき）	0	1	2	3	4
かめの数△（ひき）	9	8	7	6	
足の数の合計（本）	36	34	32	あ	

（24）あにあてはまる数を答えましょう。

（25）つるの数を○ひき，かめの数を△ひきとして，○と△
の関係を式に表しましょう。　　　　　　　　（表現技能）

（26）足の数の合計が 24 本のとき，つるとかめはそれぞれ何
びきいるでしょうか。

7 図のような長方形があります。次の問題に単位をつけて答えましょう。

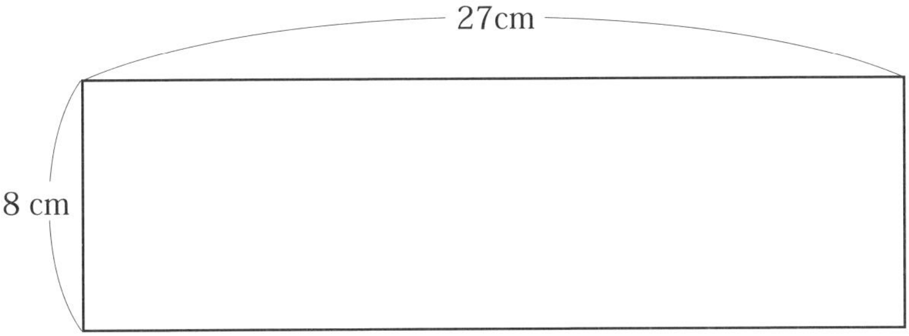

27cm

8 cm

（27）この長方形の面積は何 cm² ですか。

（28）この長方形の面積を変えないで，横の長さを 18 cm にするとき，たての長さを何 cm にするとよいでしょうか。この問題は，計算の途中の式と答えを書きましょう。

8 　1から7までの整数が，どれか1つだけ書いてあるカードが3まいあります。この3まいのカードに書いてある整数は全部ちがいます。この3まいのカードから2まいをえらんで，書いてある整数をたすことを2回くりかえすと，1回めは5，2回めは11でした。このとき，次の問題に答えましょう。　　　　　　　　　　（整理技能）

（29）この3まいのカードに書いてある数を，全部答えましょう。

（30）この3まいのカードをならべて3けたの数をつくります。できる3けたの数のうち，いちばん大きい数からいちばん小さい数をひくといくつになりますか。

読んでおぼえよう解法のコツ
8級
解説・解答

本試験と同じ形式の問題5回分のくわしい解説と解答がまとめられています。えん筆と計算用紙を用意して,特に,わからなかった問題やミスをした問題をもう一度たしかめましょう。そうすることにより,算数検定8級合格に十分な実力を身につけることができます。

大切なことは,どうしてまちがえたかをはっきりさせて,同じまちがいをくり返さないようにすることです。そのため,「解説・解答」には,みなさんの勉強を助けるために次のようなアイテムを入れています。

問題を解くときに必要な基礎知識や重要なことがらをまとめてあります。

小宮山先生からのひとことアドバイス

問題を解くときに大切なポイント

本問をまちがえた場合のたしかめ問題。この問題を解いてしっかり実力をつけておきましょう。

(難易度) ◑◐◐:やさしい　◑◑◐:ふつう　◑◑◑:むずかしい

1 次の計算をしましょう。　　　　　　　　（計算技能）

□（1）　468 ＋ 275

 《3けた＋3けたの計算》————————————

筆算で計算します。

```
   1 1
   4 6 8
 + 2 7 5
   7 4 3
```

468 ＋ 275 ＝ 743

答　743

一の位と十の位から，それぞれ1くり上げた数をたすのをわすれないようにしましょう。

 解答→p.192

① 389 ＋ 264　　② 336 ＋ 527
③ 487 ＋ 168

□（2）　6237 － 2769

 《4けた－4けたの計算》————————————

筆算で計算します。

$$
\begin{array}{r}
\overset{5}{}\overset{1}{}\overset{2}{} \\
6\,2\,3\,7 \\
-\ 2\,7\,6\,9 \\
\hline
3\,4\,6\,8
\end{array}
$$

$6237 - 2769 = \boxed{3468}$

答 $\boxed{3468}$

ひけないときは1つ上の位から1くり下げてひきます。くり下げたことをわすれないようにしましょう。

解答→p.192

① $7036 - 3678$　　② $4421 - 1875$
③ $8810 - 5541$

□ （3）　64×7

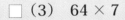

解き方　《かけ算の計算》 ————————————

筆算で計算します。

$$
\begin{array}{r}
6\,4 \\
\times\ \ 7 \\
\hline
\end{array}
\ \Rightarrow
\begin{array}{r}
\overset{2}{} \\
6\,4 \\
\times\ \ 7 \\
\hline
8
\end{array}
\ \Rightarrow
\begin{array}{r}
\overset{2}{} \\
6\,4 \\
\times\ \ 7 \\
\hline
4\,4\,8
\end{array}
$$

一の位の計算　　十の位の計算　　$(6 \times 7 + 2)$

$64 \times 7 = \boxed{448}$

答 $\boxed{448}$

一の位の計算からくり上がった数をたすことに注意しましょう。

① 48 × 8 ② 35 × 9

① (3)
解答→p.192 ③ 56 × 5

□ (4) 37 × 25

 《2けた×2けたの計算》

ひっさん けいさん
筆算で計算します。

$$
\begin{array}{r}
3\ 7 \\
\times\ 2\ 5 \\
\hline
\end{array}
\Rightarrow
\begin{array}{c}
\text{一の位の計算} \\
\end{array}
\quad
\begin{array}{r}
\overset{3}{3}\ 7 \\
\times\ 2\ 5 \\
\hline
1\ 8\ 5 \\
\end{array}
\Rightarrow
\begin{array}{c}
\text{十の位の計算} \\
\end{array}
\quad
\begin{array}{r}
\overset{1}{3}\ 7 \\
\times\ 2\ 5 \\
\hline
1\ 8\ 5 \\
7\ 4 \\
\hline
9\ 2\ 5 \\
\end{array}
$$

37 × 25 = 925

答 925

くらい
一の位, 十の位のどちらの
かず
かけ算も, くり上がる数を
たすのをわすれないように
しましょう。

 ① 32 × 47 ② 71 × 68

① (4)
解答→p.192 ③ 73 × 28

□ (5) 63 ÷ 9

① (4) (5) (6)

解き方 《2けた÷1けたの計算》 ━━━━━━━━━

$$63 \div 9 = \boxed{7}$$

答 $\boxed{7}$

9のだんの九九の中に，
$9 \times 7 = 63$がありました。

たしかめよう
① $56 \div 7$　　② $64 \div 8$
③ $35 \div 7$
解答→ p.192

□（6）　$46 \div 2$

解き方 《2けた÷1けたの計算》 ━━━━━━━━━

筆算で計算します。

```
     2 3
  2) 4 6
     4      ← (2 × 2)
     6      ← (6 をおろします。)
     6      ← (2 × 3)
     0      ← (6 − 6)
```

$$46 \div 2 = \boxed{23}$$

答 $\boxed{23}$

答えのたしかめ　$2 \times \boxed{23} = 46$

わり算では答えのたしかめをしましょう。

たしかめよう
① $84 \div 2$　　② $63 \div 3$
③ $88 \div 4$
解答→ p.192

□ (7)　874 ÷ 38

 解き方

《3けた÷2けたの計算》 ──────────────

筆算で計算します。

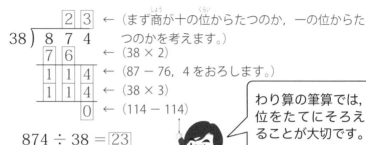

```
        2 3  ← （まず商が十の位からたつのか，一の位からた
38） 8 7 4       つのかを考えます。）
    7 6       ← （38 × 2）
    1 1 4     ← （87 − 76，4 をおろします。）
    1 1 4     ← （38 × 3）
        0     ← （114 − 114）
```

874 ÷ 38 ＝ 23

 わり算の筆算では，位をたてにそろえることが大切です。

答　23

 答えの たしかめ

38 × 23 ＝ 874

わり算では答えのたしかめをしましょう。

✏ **まとめ**　**わり算の筆算のしかた**

①位をたてにそろえて，位の高い方から

　（答えの数をたてる）→（かける）→（ひく）

　→（おろす）

　をくりかえしていきましょう。

②わり算のたしかめの式：

　わる数×商＝わられる数

　をつかって答えのたしかめをしましょう。

解答→p.192

① $988 \div 38$　　② $624 \div 24$

③ $648 \div 36$

□（8）　$38 + 63 \div 7$

解き方

《計算の順序》——————————

$38 + 63 \div 7$　＋より÷を
　　　　　　　先に計算します。
$= 38 + \boxed{9}$

$= \boxed{47}$

答　$\boxed{47}$

計算の順序
（　　）→ ×, ÷ →＋, −
に注意が必要ですね。

まとめ

計算の順序

- 左から順に計算します。
- （　）があるときは,（　）の中を先に計算します。
- ＋, −, ×, ÷がまじっている式では, ×, ÷を先に計算します。
- （　）の中に, ＋, −, ×, ÷があるときも×, ÷を先に計算します。

解答→p.192

① $20 + 16 \div 4$　　② $30 - 18 \div 6$

③ $12 \times (15 - 7)$

問題◀p.18

□ (9)　3.46 ＋ 4.78

 《（小数）＋（小数）の計算》———————————

ひっさん けいさん
筆算で計算します。

```
      1 1
    3 . 4 6
  ＋ 4 . 7 8
    8 . 2 4
```

← 位(くらい)をそろえて書(か)きます。

← 整数(せいすう)のときと同じように計算し,
　小数点(しょうすうてん)を上と同じ位置(いち)にうちます。

3.46 ＋ 4.78 ＝ 8.24

答　8.24

 小数のたし算の筆算

• 位をそろえて書きます。

• とちゅうは整数のときと同じように計算します。

• 答(こた)えの小数点は上と同じ位置にうちます。

1 (9)
解答→ p.192

① 　2.76 ＋ 5.76

② 　3.64 ＋ 4.28

③ 　7.15 ＋ 1.87

□ (10)　7.24 － 3.66

 《（小数）－（小数）の計算》———————————

筆算で計算します。

$$\begin{array}{r} \overset{6}{\cancel{7}}.\overset{1}{\cancel{2}}\,4 \\ -\ 3.6\,6 \\ \hline \boxed{3}.\boxed{5}\,\boxed{8} \end{array}$$

← 位をそろえて書きます。

← 整数のときと同じように計算し，
　小数点を上と同じ位置にうちます。

$7.24 - 3.66 = \boxed{3.58}$

 答　$\boxed{3.58}$

> とちゅうの計算は整数
> のときと同じです。

 小数のひき算の筆算

- 位をそろえて書きます。
- とちゅうは整数のときと同じように計算します。
- 答えの小数点は上と同じ位置にうちます。

1 (10)
解答→p.192

① 　$8.05 - 2.67$ 　　　② 　$5.8 - 1.66$

③ 　$7.27 - 4.18$

□ （11）　$\dfrac{3}{5} + \dfrac{1}{5}$

 解き方

《（分数）＋（分数）の計算》────────

$\dfrac{3}{5} + \dfrac{1}{5} = \dfrac{\boxed{4}}{5}$ ← 分母が同じときは，
分母はそのままで
分子どうしをたします。

 答　$\dfrac{\boxed{4}}{5}$

① $\dfrac{2}{7} + \dfrac{1}{7}$　　　② $\dfrac{3}{11} + \dfrac{6}{11}$

解答→ p.192

③ $\dfrac{2}{5} + \dfrac{4}{5}$

□ (12) $\dfrac{7}{11} - \dfrac{4}{11}$

 解き方

《（分数）－（分数）の計算》

$$\dfrac{7}{11} - \dfrac{4}{11} = \boxed{\dfrac{3}{11}}$$ ← 分母が同じときは，
分母はそのままで
分子どうしをひきます。

答 $\boxed{\dfrac{3}{11}}$

---

① $\dfrac{6}{7} - \dfrac{2}{7}$　　　② $\dfrac{9}{11} - \dfrac{5}{11}$

解答→ p.192

③ $1\dfrac{2}{9} - \dfrac{4}{9}$

---

2 次の □ にあてはまる数を求めましょう。

□ (13) $6700\text{kg} = \boxed{}$ t

 解き方

《重さの単位》

$1000\text{ kg} = \boxed{1}\text{t}$ 　→ 　$6000\text{ kg} = \boxed{6}\text{ t}$

$100\text{ kg} = \boxed{0.1}\text{ t}$ 　→ 　$700\text{ kg} = \boxed{0.7}\text{ t}$

$$6700 \text{ kg} = 6000 \text{ kg} + 700 \text{ kg} = \boxed{6} \text{ t} + \boxed{0.7} \text{ t} = \boxed{6.7} \text{ t}$$

答　$\boxed{6.7}$ (t)

 重さの単位

1000 g = 1 kg　　　1000 kg = 1 t

 次の □ にあてはまる数を求めましょう。

① 54000kg = □ t　　② 78t = □ kg

③ 3200kg = □ t

解答→ p.192

□ （14）　3分 48 秒 = □ 秒

 《時間の単位》 ————————————————

1分 = $\boxed{60}$ 秒　　→　　3分 = $\boxed{180}$ 秒
　　　　　　　　　　　　　　　　(60 × 3)

3分 48 秒 = $\boxed{180}$ （秒） + $\boxed{48}$ （秒） = $\boxed{228}$ （秒）

答　$\boxed{228}$ （秒）

 時間の単位

1分 = 60 秒　　1時間 = 60 分　　1日 = 24 時間

 次の □ にあてはまる数を求めましょう。

① 7分 18 秒 = □ 秒

解答→ p.192

② 2時間 26 分 = □ 分　③ 1500 秒 = □ 分

□ （15）　5 km^2 = □ m^2

《面積の単位》—————————————

1 km^2 = 1000 m × 1000 m より，

1 km^2 = 1000000 m^2 ですから，

5 km^2 = 1000000 m^2 × 5

　　　= 5000000 m^2

答 5000000 （m^2）

面積の単位

1 m^2 = 10000 cm^2，　1 km^2 = 1000000 m^2

1 ha = 10000 m^2，　1 a = 100 m^2，　1 ha = 100 a

1 a は 1 辺が 10 m の正方形の面積と同じです。

1 ha は 1 辺が 100 m の正方形の面積と同じです。

---

2 (15)

解答→ p.192

次の □ にあてはまる数を求めましょう。

① 3km^2 = □ m^2

② 23000000m^2 = □ km^2

③ 3ha = □ a

3 下のグラフは，たかしさんの町の月別の降水量を表しています。これについて，次の問題に答えましょう。

(統計技能)

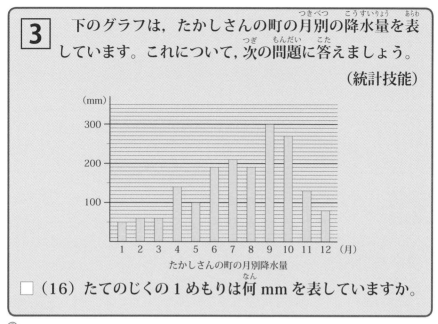

たかしさんの町の月別降水量

□ (16) たてのじくの1めもりは何 mm を表していますか。

《ぼうグラフ》 ──────────────────

たてのじくの1めもりは，100を 10 等分していますから，

1めもりは100 ÷ 10 ＝ 10 で 10 mm を表しています。

答 10 mm

□ (17) 降水量の多いほうから数えて3番めの月は何月ですか。

《ぼうグラフ》 ──────────────────

グラフより，降水量が一番多いのは，9月の 300 mm です。2番めに多いのは，10月の 270 mm，3番めに多いのは，7月の 210 mm となります。

答 7 月

ぼうグラフでは，ぼうの長さをくらべてみましょう。

□（18）　6月の降水量は11月の降水量より何mm多いですか。

《ぼうグラフ》　——————————————————　

　　グラフより，6月の降水量は11月の降水量よりめもり⑥つ分多くなっています。したがって，

　　$10 \times ⑥ = ⑥⓪$ で，⑥⓪ mm 多いです。

答　 ⑥⓪ mm

ぼうグラフのたてじくの1めもりが表す量に注意しましょう。

解答→ p.192

　　右のグラフは，Y市の人口のがい数を表したものです。これについて，次の問題に答えましょう。

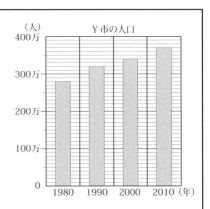

①　たてのじくの1めもりは何人を表していますか。

②　1980年から2010年までに人口はおよそ何人増えましたか。

4 下の図のように，長方形の中に半径 10cm の 3 つの円がぴったり入っています。このとき，次の問題に単位をつけて答えましょう。

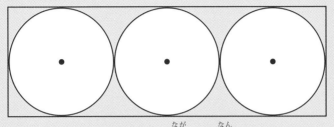

☐（19） この長方形の横の長さは何 cm ですか。

解き方

《円の直径》────────────

　　直径の長さは，半径の長さの ②倍ですから，円の直径の長さは，

　　$10 \times 2 = 20$ より ⑳ cm となります。

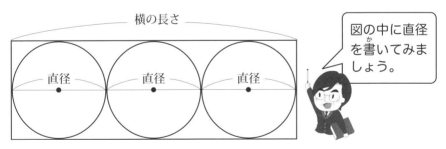

> 図の中に直径を書いてみましょう。

　　図より，長方形の横の長さは，円の直径の ③つ分の長さと等しくなります。

　　$20 \times ③ = ⑥⓪$ より，横の長さは ⑥⓪ cm になります。

答　 60cm

（20） この長方形の面積は何 cm² ですか。

《長方形の面積》

解き方

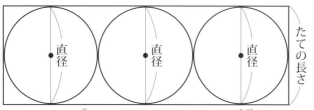

　図より，長方形のたての長さは，中の円の直径の長さと等しくなります。したがって，

　この長方形のたての長さは 20 cm，横の長さは 60 cm となります。長方形の面積＝たて×横より，

　20 × 60 ＝ 1200，面積は 1200 cm² になります。

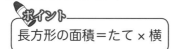

ポイント
長方形の面積＝たて × 横

答　1200 cm²

解答→p.192

　下の図のように，長方形の中に半径 8 cm の 4 つの円がぴったり入っています。これについて，次の問題に答えましょう。

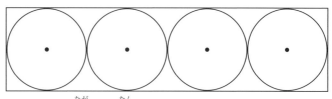

① この長方形の横の長さは何 cm ですか。

② この長方形のまわりの長さは何 cm ですか。

72　4 (20)　5 (21)

5 次の図は，四角形の対角線を書いたものです。これについて，次の問題に答えましょう。

□（21） 対角線が⑥のように交わっている四角形の名前を書きましょう。

 《四角形の対角線》 ———————————————

解き方　対角線⑥は，2本の対角線が交わった点から4つの頂点までの長さが等しくなっています。このような対角線がひけるのは，下の図のように四角形が 長方形 のときです。

答　 長方形

 四角形の対角線の特ちょうを理かいしましょう。

□ **（22）　対角線が◌のように交わっている四角形の名前を書きましょう。**

 《四角形の対角線》————————————

　　対角線◌は，2本の対角線が交わった点でそれぞれが2等分されています。このような対角線がひけるのは，次ページの図のように四角形が 平行四辺形 のときです。

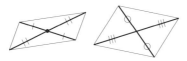

答　 平行四辺形

□ **（23）　対角線が◌のように交わっている四角形の名前を書きましょう。**

 《四角形の対角線》————————————

　　対角線◌は，2本の対角線が交わった点でそれぞれが2等分されていて，なおかつ2本の対角線が 垂直 になっています。このような対角線がひけるのは，右の図のように四角形が ひし形 のときです。

答　 ひし形

> 2本の対角線の交わり方を理かいしましょう。

74 ⑤ (22) (23)

四角形の対角線の特ちょう

名前／特ちょう	台形	平行四辺形	ひし形	長方形	正方形
2本の対角線の長さは等しい。	×	×	×	○	○
2本の対角線が交わった点でそれぞれが2等分される。	×	○	○	○	○
2本の対角線が交わった点から4つの頂点までの長さが等しい。	×	×	×	○	○
2本の対角線が垂直になっている。	×	×	○	×	○

解答→ p.193

下の5つの四角形の中から，条件にあてはまるものをすべて答えましょう。

台形 平行四辺形 長方形 ひし形 正方形

① 2本の対角線の長さが等しい。

② 2本の対角線が垂直になっている。

③ 2本の対角線が交わった点で，それぞれが2等分されている。

問題◀ p.21

6 右の表は，まゆみさんのクラスで犬とねこの好ききらい調べをしたものです。これについて，次の問題に答えましょう。（統計技能）

番号	犬	ねこ
1	○	○
2	×	○
3	○	×
4	×	×
5	○	×
6	○	○
7	×	×
8	○	×
9	×	○
10	○	○

番号	犬	ねこ
11	×	×
12	×	○
13	○	×
14	○	○
15	×	×
16	○	×
17	○	×
18	×	×
19	○	×
20	×	○

○…好き ×…きらい

□（24） 犬が好きでねこがきらいな人は何人いますか。

 解き方

《表の見方》

犬の列に○（好き），ねこの列に×（きらい）が入っている番号を書きだします。

番号：3, 5, 8, 16, 17 より，

犬が好きでねこがきらいな人は ⑤ 人となります。

答 ⑤ 人

この結果を下のような表に整理します。

		ねこ		合計
		好き	きらい	
犬	好き	6		ⓘ
	きらい	4	ⓐ	
	合計	10		20

□（25） 表のⓐにあてはまる数を答えましょう。

解き方 《整理のしかた》

表の㋐のところには，犬がきらいで，ねこもきらいな人の人数が入ります。そこで犬の列に×（きらい），ねこの列に×（きらい）が入っている番号を書きだします。

番号：4，7，11，15，18 より，

㋐のところには 5 があてはまります。

答 5

□（26） 表の㋑にあてはまる数を答えましょう。

解き方 《整理のしかた》

(24)，(25) の答えを表にあてはめると，下のようになります。

		ねこ		合計	
		好き	きらい		
犬	好き	6	5	㋑	→たす
	きらい	4	5	9	→たす
合計		10	10	20	
		↓たす	↓たす		

合計のところは，たてと横で分けて数をたします。

したがって，㋑にあてはまる数は，

6 ＋ 5 ＝ 11 となります。

答 11

2つのことについて，2つの見方（みかた）があるときは，このように4つに分類（ぶんるい）した表に整理するとわかりやすくなりますね。

問題◀◁p.22

たしかめよう 6
解答→ p.193

次の表は，けいこさんのクラスでイチゴとメロンのどちらが好きかを調べた結果です。これについて，次の問題に答えましょう。

	イチゴ	メロン	合 計
男 子	㋐		19
女 子	7	㋑	
合 計		17	34

① 表の㋐にあてはまる数を答えましょう。

② 表の㋑にあてはまる数を答えましょう。

---

7 図のように大きな長方形の土地の中に小さな長方形の土地があります。次の問題に答えましょう。

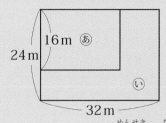

□（27） 大きな長方形の土地の面積は何 m² ですか。

 《長方形の面積》 ───────────────

長方形の面積＝ たて×横ですから，

$$24 \times 32 = \boxed{768}$$

```
    2 4
  ×   3 2
  ┌───┬───┐
  │ 4 │ 8 │
┌─┼─┬─┘   │
│7│ 2 │   │
├─┼─┼───┤
│7│ 6 │ 8 │
└─┴─┴───┘
```

答 768 m²

□（28）　あといの面積が同じになるようにするには，小さな長方形の土地の横の長さを何 m にすればよいでしょうか。この問題は，計算の途中の式と答えを書きましょう。

《長方形の面積》

あといの面積が同じになるときは，小さな長方形あの面積が大きな長方形の面積の 半分 になるときです。

$768 \div 2 = \boxed{384}$ より，

あの面積が $\boxed{384}$ m² になれば，あといの面積が同じになります。

ここで小さな長方形あの横の長さを □ m とします。

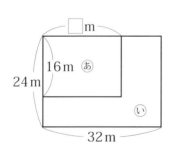

あの面積 = 384 m² より，

$\boxed{16} \times \boxed{} = 384$

$\boxed{} = 384 \div 16 = \boxed{24}$ （m）

答　$\boxed{24}$ m

あといの面積が同じなら，あは全体の半分になることを理かいしましょう。

問題 ◀ p.23

たしかめ
よう
⑦
解答→ p.193

図のように大きな長方形の土地の中に小さな長方形の土地があります。次の問題に答えましょう。

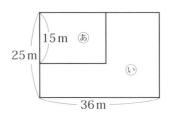

① 大きな長方形の土地の面積は何 m² ですか。

② あの土地の面積がいの土地の面積の半分になるようにするには，小さな長方形の土地の横の長さを何 m にすればよいでしょうか。

---

8 下の式は，あるきまりにしたがってならんでいます。これについて，次の問題に答えましょう。（整理技能）

1 番め　　$1 = 1 \times 1$

2 番め　　$1 + 2 + 1 = 2 \times 2$

3 番め　　$1 + 2 + 3 + 2 + 1 = 3 \times 3$

4 番め　　$1 + 2 + 3 + 4 + 3 + 2 + 1 = 4 \times 4$

5 番め　　$\boxed{}$

.
.
.

.
.
.

□ (29)　5 番めの □ にあてはまる式を書きましょう。

解き方

《計算のきまり》 ————————————

＝の左と右で計算のきまりをみつけます。

	＝の左側 ひだりがわ	＝の右側 みぎがわ
1番め	①	1番め　1×1
2番め	1＋②＋1	2番め　2×2
3番め	1＋2＋③＋2＋1	3番め　3×3
4番め	1＋2＋3＋④＋3＋2＋1	4番め　4×4

1ずつふえる　1ずつへる

より，5番めは，1からはじめて5まで1ずつふえていく数をたし，5の次からは1ずつへっていく数を1までたします。

より，5番めは，番号の数字の5を2回かけることになります。

5番め

$$1＋2＋3＋4＋5＋4＋3＋2＋1$$

5番め

$$5×5$$

したがって □ にあてはまる式は，

$$1＋2＋3＋4＋5＋4＋3＋2＋1＝5×5$$ となります。

答　$$1＋2＋3＋4＋5＋4＋3＋2＋1＝5×5$$

計算のきまりをみつける
ことが大切ですね。

□（30）　1＋2＋3＋…＋19＋20＋19＋18…＋3
＋2＋1を計算 けいさん しましょう。

解き方

《計算のきまり》

20番めの式の＝の左側は，1からはじめて20まで1ずつふえていく数をたし，20の次からは1ずつへっていく数を1までたします。

問題 ◀ p.24

20番めの式の＝の右側は，番号の数字の20を2回かけますので，20番めの式は，次のようになります。

　　1＋2＋3＋……＋19＋20＋19＋18……＋3＋2＋1＝$\boxed{20 \times 20}$

　したがって＝の左側の答えは，

　20×20＝$\boxed{400}$になります。

答　$\boxed{400}$

問題の計算のきまりをうまく使って計算しましょう。

たしかめよう
8
解答→p.193

　下の式は，あるきまりにしたがってならんでいます。これについて，次の問題に答えましょう。

1番め	$2 = 1 \times 2$
2番め	$2 + 4 = 2 \times 3$
3番め	$2 + 4 + 6 = 3 \times 4$
4番め	$2 + 4 + 6 + 8 = 4 \times 5$
・	・
6番め	

① 6番めの □ に入る式を書きましょう。

② 2＋4＋6＋・・・＋20を計算しましょう。

第2回　解説・解答

1 次の計算をしましょう。　　　　　　（計算技能）

□（1）　264 ＋ 158

《3けた＋3けたの計算》 ────────

筆算で計算します。

```
  1 1
  2 6 4
＋ 1 5 8
─────────
  4 2 2
```

264 ＋ 158 ＝ 422

答 422

一の位と十の位から，それぞれ1くり上げた数をたすのをわすれないようにしましょう。

① 229 ＋ 474　　　② 712 ＋ 198

解答→p.193 ③ 362 ＋ 448

□（2）　4234 － 1947

《4けた－4けたの計算》 ────────

筆算で計算します。

問題◀p.26 83

$$
\begin{array}{r}
{}^{3}\ {}^{1}\ {}^{2}\ \\
4\ 2\ 3\ 4 \\
-\ 1\ 9\ 4\ 7 \\
\hline
\boxed{2}\ \boxed{2}\ \boxed{8}\ \boxed{7}
\end{array}
$$

$4234 - 1947 = \boxed{2287}$

答　$\boxed{2287}$

ひけないときは１つ上の位からくり下げてひきます。くり下げたことをわすれないようにしましょう。

 ① $4288 - 1199$　　② $5761 - 3386$

① (2)

解答→ p.193　③ $9943 - 5678$

□ (3)　58×4

 《かけ算の計算》 ────────────────

解き方　筆算で計算します。

$$
\begin{array}{r}
5\ 8 \\
\times\ \ \ 4 \\
\hline
\end{array}
\Rightarrow
\begin{array}{c}
\text{一の位の計算}
\end{array}
\quad
\begin{array}{r}
{}^{3}\ \ \\
5\ 8 \\
\times\ \ \ 4 \\
\hline
2
\end{array}
\Rightarrow
\begin{array}{c}
\text{十の位の計算}
\end{array}
\quad
\begin{array}{r}
{}^{3}\ \ \\
5\ 8 \\
\times\ \ \ 4 \\
\hline
\boxed{2}\ \boxed{3}\ \boxed{2}
\end{array}
$$

$(5 \times 4 + 3)$

$58 \times 4 = \boxed{232}$

答　$\boxed{232}$

 一の位の計算からくり上がった数をたすことに注意しましょう。

| | ① 77 × 4 | ② 56 × 8 |
| 1 (3) 解答→p.193 | ③ 46 × 6 | |

☐ **(4) 46 × 39**

《2 けた × 2 けたの計算》 ————————

筆算で計算します。

$$
\begin{array}{r}
4\ 6 \\
\times\ 3\ 9 \\
\end{array}
\Rightarrow
\begin{array}{c}
\text{一の位の計算}
\end{array}
\quad
\begin{array}{r}
\overset{5}{4}\ 6 \\
\times\ \ 3\ 9 \\
\hline
4\ \boxed{1}\ 4 \\
\end{array}
\Rightarrow
\begin{array}{c}
\text{十の位の計算}
\end{array}
\quad
\begin{array}{r}
\overset{1}{4}\ 6 \\
\times\ \ \ 3\ 9 \\
\hline
4\ 1\ 4 \\
1\ \boxed{3}\ \boxed{8} \\
\hline
1\ \boxed{7}\ \boxed{9}\ \boxed{4} \\
\end{array}
$$

$46 × 39 = \boxed{1794}$

答 $\boxed{1794}$

> 一の位, 十の位のどちらの
> かけ算も, くり上がる数を
> たすのをわすれないように
> しましょう。

| | ① 53 × 39 | ② 46 × 24 |
| 1 (4) 解答→p.193 | ③ 65 × 42 | |

☐ **(5) 48 ÷ 8**

《2 けた ÷ 1 けたの計算》 ————————

$48 ÷ 8 = \boxed{6}$

答

8 のだんの九九の中に，
8 × 6 = 48 がありました。

 ① 54 ÷ 9 ② 36 ÷ 6
解答→ p.193 ③ 36 ÷ 4

☐ （6） 69 ÷ 3

 《2 けた ÷ 1 けたの計算》 ───────

筆算で計算します。

$$
\begin{array}{r}
2\ 3 \\
3\overline{)6\ 9} \\
6 \quad\leftarrow (3 \times 2)\\
\hline
9 \quad\leftarrow (9 をおろします。)\\
9 \quad\leftarrow (3 \times 3)\\
\hline
0 \quad\leftarrow (9 - 9)
\end{array}
$$

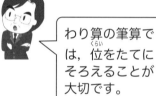

わり算の筆算で
は，位をたてに
そろえることが
大切です。

69 ÷ 3 = 23

答 23

 3 × 23 = 69

わり算では答えの
たしかめをしま
しょう。

 ① 48 ÷ 2 ② 96 ÷ 3
解答→ p.193 ③ 62 ÷ 2

□ (7)　840 ÷ 35

解き方

《3 けた ÷ 2 けたの計算》 ───────── 🔖📖📖📖

　筆算で計算します。

```
         2 4  ← （まず商が十の位からたつのか，一の位からた
   35) 8 4 0     つのかを考えます。）
      7 0      ← （35 × 2）
      1 4 0    ← （84 － 70，0 をおろします。）
      1 4 0    ← （35 × 4）
          0    ← （140 － 140）
```

　840 ÷ 35 = 24

わり算の筆算では，位をたてにそろえることが大切です。

答　24

**答えの
たしかめ**

　35 × 24 = 840

わり算では答えのたしかめをしましょう。

まとめ

わり算の筆算のしかた

①位をたてにそろえて，位の高い方から

　（答えの数をたてる）→（かける）→（ひく）

　→（おろす）

　をくりかえしていきましょう。

②わり算のたしかめの式：

　わる数×商＝わられる数

　をつかって答えのたしかめをしましょう。

問題 ◀ p.26

たしかめよう	①	$612 \div 36$	②	$644 \div 23$
①(7) 解答→p.193	③	$725 \div 29$		

□ (8)　$65 + 45 \div 5$

解き方

《計算の順序》 ───────────────── ◯◯◯◯

$65 + 45 \div 5$

$= 65 + \boxed{9}$ 　　＋より÷を先に計算します。

$= \boxed{74}$

答　$\boxed{74}$

計算の順序
（　　）→ ×, ÷ →＋, −
に注意しましょう。

まとめ

計算の順序

- 左から順に計算します。
- （　　）があるときは，（　　）の中を先に計算します。
- ＋, −, ×, ÷がまじっている式では，×, ÷を先に計算します。
- （　　）の中に，＋, −, ×, ÷があるときも×, ÷を先に計算します。

たしかめよう	①	$15 + 35 \div 5$	②	$32 - 24 \div 4$
①(8) 解答→p.193	③	$19 \times (26 - 17)$		

□ (9)　7.5 ＋ 1.82

　解き方

《（小数）＋（小数）の計算》 ────────

筆算で計算します。

$$
\begin{array}{r}
1\ \ \ \ \\
7.5\ \ \\
+\ 1.8\ 2\\
\hline
9.3\ 2
\end{array}
$$

← 位をそろえて書きます。

← 整数のときと同じように計算し，
小数点を上と同じ位置にうちます。

7.5 ＋ 1.82 ＝ 9.32

答　9.32

とちゅうの計算は整数
のときと同じです。

　まとめ

小数のたし算の筆算

・位をそろえて書きます。

・とちゅうは整数のときと同じように計算します。

・答えの小数点は上と同じ位置にうちます。

　たしかめよう
1 (9)
解答→ p.193

① 　3.87 ＋ 4.65　　　② 　5.22 ＋ 1.89

③ 　6.35 ＋ 2.38

□ (10)　5.32 － 2.8

　解き方

《（小数）－（小数）の計算》 ────────

筆算で計算します。

$$\begin{array}{r} \overset{4}{5}.\ 3\ 2 \\ -\ \ 2.\ 8 \\ \hline \boxed{2}.\boxed{5}\boxed{2} \end{array}$$

← 位をそろえて書きます。

← 整数のときと同じように計算し、
小数点を上と同じ位置にうちます。

$5.32 - 2.8 = \boxed{2.52}$

答 $\boxed{2.52}$

 小数のひき算の筆算

まとめ

- 位をそろえて書きます。
- とちゅうは整数のときと同じように計算します。
- 答えの小数点は上と同じ位置にうちます。

 たしかめよう
1 (10)
解答→ p.193

① $7.68 - 1.59$　　② $7.4 - 2.76$

③ $6.83 - 3.56$

□（11）$\dfrac{2}{5} + \dfrac{1}{5}$

解き方 《（分数）＋（分数）の計算》 ——————

$\dfrac{2}{5} + \dfrac{1}{5} = \boxed{\dfrac{3}{5}}$ ← 分母が同じときは、
分母はそのままで
分子どうしをたします。

答 $\boxed{\dfrac{3}{5}}$

 たしかめよう
1 (11)
解答→ p.193

① $\dfrac{2}{9} + \dfrac{5}{9}$　　② $\dfrac{4}{13} + \dfrac{7}{13}$

③ $\dfrac{6}{7} + \dfrac{5}{7}$

□ (12) $1\dfrac{3}{7} - \dfrac{6}{7}$

 《（分数）－（分数）の計算》

$$1\dfrac{3}{7} - \dfrac{6}{7}$$

← 分母が同じときは，分母はそのままで分子どうしをひきます。分子どうしがひけないときは，帯分数を仮分数になおします。

$$= \dfrac{\boxed{10}}{7} - \dfrac{6}{7}$$

$$= \dfrac{\boxed{4}}{7}$$

答 $\dfrac{\boxed{4}}{7}$

 ① $\dfrac{8}{9} - \dfrac{1}{9}$ ② $\dfrac{12}{13} - \dfrac{7}{13}$

1 (12)
解答→ p.193 ③ $1\dfrac{1}{7} - \dfrac{5}{7}$

2 次の □ にあてはまる数を求めましょう。

□ (13) $4.3\text{kg} = \boxed{}\,\text{g}$

 《重さの単位》

$1\text{ kg} = \boxed{1000}\text{ g}$ → $4\text{ kg} = \boxed{4000}\text{ g}$

$0.1\text{ kg} = \boxed{100}\text{ g}$ → $0.3\text{ kg} = \boxed{300}\text{ g}$

$4.3\text{ kg} = 4\text{ kg} + 0.3\text{ kg}$

$= \boxed{4000}\text{ g} + \boxed{300}\text{ g} = \boxed{4300}\text{ g}$

答 $\boxed{4300}$（g）

重さの単位

1000g ＝ 1kg   1000kg ＝ 1t

 次の □ にあてはまる数を求めましょう。

解答→ p.193

① 7.2kg ＝ □ g   ② 46000g ＝ □ kg

③ 280g ＝ □ kg

□ （14）　215 秒＝ □ 分 □ 秒

 《時間の単位》

1 分＝ 60 秒より

2 分＝ 120 秒，3 分＝ 180 秒，4 分＝ 240 秒

215 － 180 ＝ 35 （秒）より，

3 分と 35 秒

答　3 （分） 35 （秒）

 時間の単位

1 分＝ 60 秒　　　　1 時間＝ 60 分

1 日＝ 24 時間

 次の □ にあてはまる数を求めましょう。

解答→ p.193

① 386 秒＝ □ 分 □ 秒

② 3 時間 45 分＝ □ 分

③ 2 分 37 秒＝ □ 秒

□（15）　4 m² = □ cm²

《面積の単位》————————————

1 m² = 100 cm × 100 cm より，

1 m² = $\boxed{10000}$ cm² ですから，

4 m² = 10000 cm² × $\boxed{4}$

= $\boxed{40000}$ cm²

答　$\boxed{40000}$（cm²）

面積の単位

1 m² = 10000 cm²，　1 km² = 1000000 m²

1 ha = 10000 m²，1 a = 100 m²，1 ha = 100 a

1 a は 1 辺が 10 m の正方形の面積と同じです。

1 ha は 1 辺が 100 m の正方形の面積と同じです。

2 (15)

解答→ p.194

次の □ にあてはまる数を求めましょう。

① 7m² = □ cm²

② 58000cm² = □ m²

③ 290a = □ ha

3　りんごジュースが $2\frac{2}{5}$ L ありました。ゆかりさんは 1日めに $\frac{1}{5}$ L のみ，2日めに $\frac{3}{5}$ L のみました。このとき，次の問題に答えましょう。

□（16）　1日めと2日めで合わせて何 L のみましたか。

解き方　《分数の計算》———————————

1日めと2日めにのんだジュースの量をたします。

$$\frac{1}{5} + \frac{3}{5} = \boxed{\frac{4}{5}}$$

答　$\boxed{\frac{4}{5}}$ L

□（17）　3日めには，りんごジュースは何 L のこっていますか。

解き方　《分数の計算》———————————

はじめに $2\frac{2}{5}$ L あったりんごジュースを，1日め，2日めで合わせて $\frac{4}{5}$ L のんだのですから，のこっている量は，ひき算で計算できます。

$$2\frac{2}{5} - \frac{4}{5} = 1\frac{\boxed{7}}{5} - \frac{4}{5} = \boxed{1\frac{3}{5}}$$

（はじめの量）
　　（のんだ量）
（のこっている量）

分子がひけないときは，仮分数になおしてひきましょう。

または，

$$2\frac{2}{5} - \frac{4}{5} = \frac{\boxed{12}}{5} - \frac{4}{5} = \frac{\boxed{8}}{5}$$

答 $\boxed{1\frac{3}{5}} \left(\boxed{\frac{8}{5}}\right)$ L

解答→ p.194

長さ $5\frac{1}{7}$ m のテープから、1 回めに $\frac{4}{7}$ m のテープをとり，2 回めに $1\frac{5}{7}$ m のテープをとりました。このとき，次の問題に答えましょう。

① 1 回めと 2 回めで合わせて何 m のテープをとりましたか。

② 2 回めにテープをとったあとに，のこっているテープの長さは何 m ですか。

4 下の表は，A 市の人口を表したものです。これについて，次の問題に答えましょう。

A 市の人口

年	人口（人）
1990 年	267367
2000 年	315036
2010 年	342651

□ (18) 2000 年の A 市の人口はおよそ何人ですか。上から 3 つめの位の数字を四捨五入して，上から 2 けたのがい数で答えましょう。

《がい数》 ────────────────────────────

　2000 年の A 市の人口は，表より 315036 人です。上から 3 つめの位の数字は 5 ですから，次のように四捨五入すると切り上がります。

$$20000$$
$$315036（人）$$

答　およそ 320000 人

> 四捨五入した位とそれより下の位はすべて 0 になります。

□（19）　2010 年の人口は，1990 年の人口よりおよそ何人多いですか。百の位の数字を四捨五入して，千の位までのがい数で答えましょう。

 《がい数》 ────────────────────────────

　2010 年の人口は，表より 342651 人です。百の位の数字を四捨五入すると，

$$3000$$
342651 （人）　より，343000 人となります。

　1990 年の人口は，表より 267367 人です。

百の位の数字を四捨五入すると，

$$000$$
267367 （人）　より，267000 人となります。

したがって，

343000 － 267000 ＝ 76000 から，
（2010 年）　　（1990 年）

2010年の人口は，1990年の人口より，およそ
76000 人多くなっています。

答 およそ 76000 人

四捨五入によりがい数にするときは，どの位までのがい数にするのかをまず考えて，その1つ下の位で四捨五入すればいいのですね。

解答→ p.194

次の問題に答えましょう。

① 四捨五入して，56534847 を百万の位までのがい数で表しましょう。

② 次の式を，四捨五入して一万の位までのがい数にして計算しましょう。

464395 ＋ 387628

5 箱あには，すなが 9.37 kg，箱いには，すなが 2.63 kg 入っています。このとき，次の問題に答えましょう。

□（20） 箱あのすなは，箱いのすなより何 kg 重いですか。この問題は，計算の途中の式と答えを書きましょう。

《小数の計算》

箱あのすなの重さと，箱いのすなの重さのちがいですから，ひき算で計算します。

9.37 － 2.63 ＝ 6.74 （kg）

問題◀ p.28

$$\begin{array}{r} \overset{8}{9}.37 \\ -\ 2.63 \\ \hline \boxed{6}.\boxed{7}\ \boxed{4} \end{array}$$

答 $\boxed{6.74}$ kg

小数のひき算は, 筆算で計算しましょう。

□（21）　2つの箱のすなを合わせて箱⑦に入れてから，箱⑧と箱⑨に入れなおします。箱⑧のすなの重さが箱⑨のすなの重さの3倍になるようにするとき，箱⑧に入れるすなの重さは何 kg になりますか。

《倍の計算》　　　　　　　　　　　　　　　

　箱⑧と箱⑨のすなを合わせた箱⑦の中のすなの重さを計算します。

$9.37 + 2.63 = \boxed{12}$ (kg)

$$\begin{array}{r} \overset{1}{}\ \overset{1}{}\ \\ 9.37 \\ +\ 2.63 \\ \hline \boxed{1}\ \boxed{2}.\boxed{0}\ \boxed{0} \end{array}$$

箱⑨に入れなおすすなの重さを □ で表すと下のようになります。

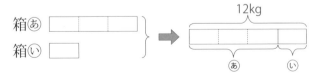

　これより，箱⑧に入れなおすすなの重さは，全体 12

kg を ④ 等分したものの ③ つ分になります。

12 ÷ ④ ＝ ③，3 × 3 ＝ ⑨ より，

箱㋐に入れるすなは ⑨ kg になります。

答 ⑨ kg

解答→ p.194

袋Aには米が5.46kg，袋Bには米が3.54kg入っています。このとき次の問題に答えましょう。

① 袋Aは袋Bより何kg多く米が入っていますか。

② 袋Bから袋Aに米をいくらかうつして，袋Aの米の重さが袋Bの米の重さの2倍になるようにするとき，袋Aの米の重さは何kgにしたらよいですか。

---

6 下の表は，まわりの長さが 18 cm の長方形のたてと横の長さの関係を表したものです。これについて，次の問題に答えましょう。

たての長さ（cm）	1	2	3	4	5	
横の長さ （cm）	8	7	6	5	4	

□ （22） たての長さを○ cm，横の長さを△ cm として，○と△の関係を式に表しましょう。 （表現技能）

《変わり方》

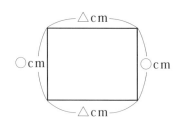

長方形のまわりの長さは，左の図より，

（たて（○）＋横（△））× ２

で計算できます。したがって，

（○＋△）× ２ ＝ 18

となるので，

○＋△ ＝ 18 ÷ ２

○＋△ ＝ 9

答　○＋△ ＝ 9

長方形では，向かい合う辺の長さは等しくなります。

□（23）　横の長さが 2cm のとき，たての長さは何 cm ですか。

解き方

《変わり方》

横の長さ（△ cm）が 2cm のときですから，（22）の式の△が２になります。

○＋ ２ ＝ 9

○＝ 9 － 2

○＝ 7

より，たての長さは 7 cm になります。

答　7 cm

たしかめよう 6

解答→p.194

下の表は，たての長さが 6 cm の長方形の横の長さと長方形の面積の関係を表したものです。これについて，次の問題に答えましょう。

横の長さ（cm）	1	2	3	4	
長方形の面積（cm²）	6	12	18	24	

① 横の長さを○ cm，長方形の面積を△ cm² として，○と△の関係を式に表しましょう。

② 横の長さが 9 cm のとき，長方形の面積は何 cm² ですか。

---

7 下の図の⑥，⑥の角度はそれぞれ何度ですか。分度器を使ってはかりましょう。 （測定技能）

☐（24）

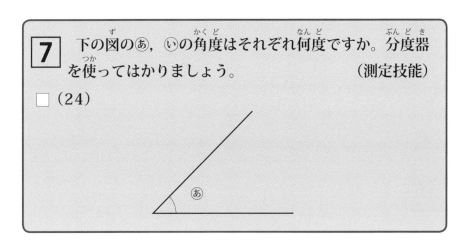

《分度器》 ━━━━━━━━━━━━━━━━━━━━━━━━ ⬛⬛⬛⬛

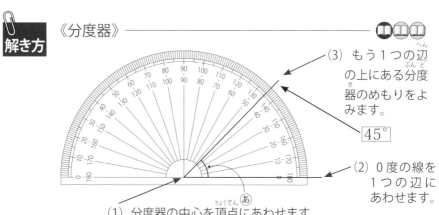

(3) もう1つの辺の上にある分度器のめもりをよみます。

45°

(2) 0度の線を1つの辺にあわせます。

(1) 分度器の中心を頂点にあわせます。 あ

答 45度

□(25)

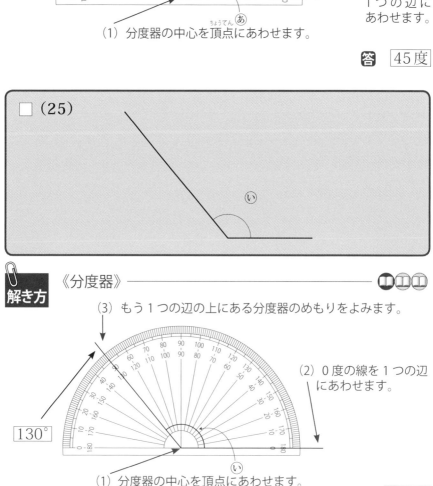

《分度器》 ━━━━━━━━━━━━━━━━━━━━━━━━ ⬛⬛⬛⬛

解き方

(3) もう1つの辺の上にある分度器のめもりをよみます。

(2) 0度の線を1つの辺にあわせます。

130°

(1) 分度器の中心を頂点にあわせます。 い

答 130度

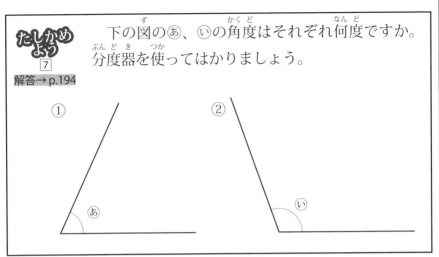

たしかめよう
7
解答→ p.194

下の図の㋐、㋑の角度はそれぞれ何度ですか。分度器を使ってはかりましょう。

①

②

㋐

㋑

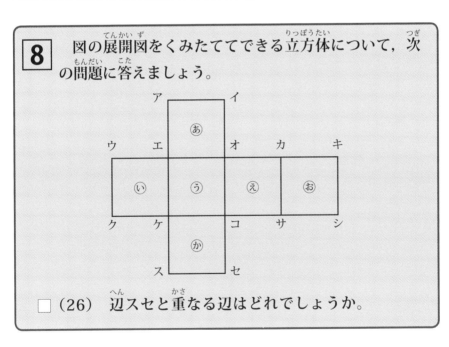

8 図の展開図をくみたててできる立方体について，次の問題に答えましょう。

ア　イ
ウ　エ　オ　カ　キ
㋐
㋑　㋒　㋓　㋔
ク　ケ　コ　サ　シ
㋕
ス　セ

☐ （26） 辺スセと重なる辺はどれでしょうか。

てんかいず
展開図をくみたてます。

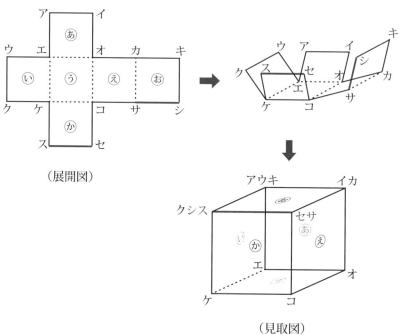

（展開図）

（見取図）

みとりず　　　　　　　　　　　　かさ
見取図より，辺スセと重なる辺は シサ です。

答 辺 シサ

□（27） 点アと重なる点はどれでしょうか。全部答えま
しょう。

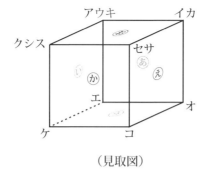

（見取図）

見取図より点アと重なる点は，点ウ，点キ です。

答 点ウ，点キ

□ **（28）** 面⑥と垂直になる面はどれでしょうか。全部答えましょう。

《面と面の垂直》━━━━━━━━━━ 📘📘📘

立方体では，となり合う面はすべて垂直になります。見取図より面⑥ととなり合う面は，向かい合う面⑧以外の4つの面，面⑩，面⑰，面⑥，面⑧です。したがって，面⑥と垂直になる面は，面⑩，面⑰，面⑥，面⑧となります。

立方体では，となり合う面はすべて垂直になります。

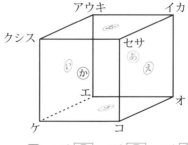

答 面⑩，面⑰，面⑥，面⑧

図の展開図をくみたててできる立方体について、次の問題に答えましょう。

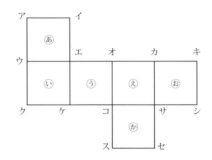

① 辺アイと重なる辺はどれでしょうか。
② 点クと重なる点はどれでしょうか。全部答えましょう。
③ 面㊉と垂直になる面はどれでしょうか。全部答えましょう。

---

9 さとるさんとけんじさんがゲームをくりかえし行います。2人ともはじめにもち点を10点もっていて、ゲームにかったらもち点は3点ふえ、まけるともち点は1点へり、ひき分けのときは2人とももち点は1点ふえるとします。ゲームの結果が下の表で表されているとき、次の問題に答えましょう。

回 数	1	2	3	4	……
さとるさん	○	△	×	○	……
けんじさん	×	△	○	×	……

○…かち，　×…まけ，　△…ひき分け

□（29）　ゲームが4回終わった時点で、さとるさんのもち点はけんじさんのもち点より何点多くなっていますか。

《数の変わり方》

1回終わった時点のもち点

さとるさん（○）…10 ＋ ③ ＝ 13（点），

けんじさん（×）…10 － ① ＝ 9（点）

2回終わった時点のもち点

さとるさん（△）…13 ＋ ① ＝ ⑭（点），

けんじさん（△）…9 ＋ ① ＝ ⑩（点）

3回終わった時点のもち点

さとるさん（×）…14 － ① ＝ ⑬（点），

けんじさん（○）…10 ＋ ③ ＝ ⑬（点）

4回終わった時点のもち点

さとるさん（○）…13 ＋ ③ ＝ ⑯（点），

けんじさん（×）…13 － ① ＝ ⑫（点）

したがって，⑯ － ⑫ ＝ 4 より，さとるさんのもち点はけんじさんのもち点より ④ 点多くなっています。

答　④ 点

□ （30）　ゲームが 7 回終わった時点で 2 人のもち点の合計は何点になりますか。

《数の変わり方》

このゲームにおいては，2 人のもち点の合計はゲームの結果にかかわらず，毎回必ず 2 点ずつふえていきます。

問題 ◀ p.32　107

	初め	1回	2回	3回	4回	……
2人の もち点の合計	10＋10 ＝20	13＋9 ＝22	14＋10 ＝24	13＋13 ＝26	16＋12 ＝28	……

したがって，7回終わった時点での2人のもち点の合計は，

$$20 + 2 + 2 + 2 + 2 + 2 + 2 + 2 = 34$$
（初）　（1）　（2）　（3）　（4）　（5）　（6）　（7）

より、34点になります。

2人のもち点の合計は，ゲームの
結果にかかわらず，いつも2点ふ
えることを理かいしましょう。

答　34点

解答→p.194

まさるさんとたけしさんがゲームをくりかえし
行います。2人ともはじめはもち点は0点で，ゲー
ムにかったらもち点は2点ふえ，まけるともち
点はかわらず，ひき分けのときは2人とももち
点は1点ふえるとします。ゲームの結果が下の
表で表されているとき，次の問題に答えましょう。

回　数	1	2	3	4	……
まさるさん	×	△	○	×	……
たけしさん	○	△	×	○	……

○…かち，　×…まけ，　△…ひき分け

① 　ゲームが4回終わった時点で，まさるさんのもち点は何
点ですか。

② 　ゲームが9回終わった時点で，まさるさんのもち点は
10点でした。そのとき，たけしさんのもち点は，何点だっ
たでしょうか。

第3回　解説・解答

1　次の計算をしましょう。　　　　　　　　（計算技能）

□（1）　$546 + 277$

　《3けた＋3けたの計算》──────────

筆算で計算します。

```
  1 1
  5 4 6
+ 2 7 7
─────────
  8 2 3
```

$546 + 277 = 823$

答　823

一の位と十の位から，それぞれ1くり上げた数をたすのをわすれないようにしましょう。

　①　$426 + 357$　　　②　$624 + 166$

たしかめよう
1(1)
解答→ p.194　③　$239 + 668$

□（2）　$7215 - 4786$

　《4けた－4けたの計算》──────────

筆算で計算します。

問題◀p.34 **109**

$$\begin{array}{r} \overset{6\ \ 10}{\cancel{7}\ \cancel{2}\ 1\ 5} \\ -\ 4\ 7\ 8\ 6 \\ \hline \boxed{2}\ \boxed{4}\ \boxed{2}\ \boxed{9} \end{array}$$

ひけないときは１つ上の位からくり下げてひきます。くり下げたことをわすれないようにしましょう。

$$7215 - 4786 = \boxed{2429}$$

答 $\boxed{2429}$

たしかめ よう
1 (2)
解答→ p.194

① 6224 － 3384

② 4588 － 2995

③ 8759 － 2994

□ (3) 48 × 6

解き方

《かけ算の計算》———————

筆算で計算します。

$$48 \times 6 = \boxed{288}$$

答 $\boxed{288}$

一の位の計算からくり上がった数をたすことに注意しましょう。

たしかめ
よう
1 (3)
解答→p.194

① 82 × 9　　② 49 × 7

③ 59 × 8

□ （4）　69 × 28

解き方

《2けた×2けたの計算》

筆算で計算します。

$$
\begin{array}{r}
6\ 9 \\
\times\ 2\ 8 \\
\hline
\end{array}
\Rightarrow
\begin{array}{r}
^{7}\ 6\ 9 \\
\times\ 2\ 8 \\
\hline
5\ 5\ 2 \\
\end{array}
\Rightarrow
\begin{array}{r}
^{1}\ 6\ 9 \\
\times\ 2\ 8 \\
\hline
5\ 5\ 2 \\
1\ 3\ 8 \\
\hline
1\ 9\ 3\ 2 \\
\end{array}
$$

一の位の計算　　十の位の計算

$69 \times 28 = \boxed{1932}$

答　$\boxed{1932}$

一の位，十の位のどちらの
かけ算も，くり上がる数を
たすのをわすれないように
しましょう。

たしかめ
よう
1 (4)
解答→p.194

① 29 × 44　　② 57 × 37

③ 68 × 28

問題◀p.34

□ (5)　42 ÷ 7

《2 けた ÷ 1 けたの計算》　——————————

42 ÷ 7 = ［6］

答　［6］

7 のだんの九九の中に,
7 × 6 = 42 がありました。

① 72 ÷ 8　　　② 48 ÷ 6

1 (5)
解答→ p.194
③ 72 ÷ 9

□ (6)　68 ÷ 2

《2 けた ÷ 1 けたの計算》　——————————

筆算（ひっさん）で計算（けいさん）します。

```
      3  4
  2 ) 6  8
      6        ← (2 × 3)
         8     ← (8 をおろします。)
         8     ← (2 × 4)
         0     ← (8 - 8)
```

わり算の筆算で
は, 位（くらい）をたてに
そろえることが
大切です。

68 ÷ 2 = ［34］

答えの
たしかめ
2 × ［34］ = 68

答　［34］

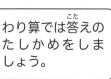

わり算では答（こた）えの
たしかめをしま
しょう。

たしかめよう

1 (6)
解答→p.194

① 60 ÷ 2   ② 39 ÷ 3

③ 84 ÷ 4

□ (7)   644 ÷ 28

解き方

《3けた÷2けたの計算》 ────────────────

筆算で計算します。

```
          2 3   ← （まず商が十の位からたつのか，一の位からた
    28 ) 6 4 4      つのかを考えます。）
        5 6       ← （28 × 2）
        8 4       ← （64 − 56, 4をおろします。）
        8 4       ← （28 × 3）
          0       ← （84 − 84）
```

644 ÷ 28 = 23

わり算の筆算では，位をたてにそろえることが大切です。

答 23

答えのたしかめ

28 × 23 = 644

わり算では答えのたしかめをしましょう。

わり算の筆算のしかた

①位をたてにそろえて，位の高いほうから

（答えの数をたてる）→ （かける）→ （ひく）

→ （おろす）

をくりかえしていきましょう。

②わり算のたしかめの式：

わる数×商＝わられる数

をつかって答えのたしかめをしましょう。

解答→p.194

① $952 \div 34$ ② $972 \div 27$

③ $912 \div 19$

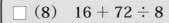 **（8）** $16 + 72 \div 8$

《計算の順序》 —————————

$16 + 72 \div 8$

$= 16 + \boxed{9}$ ＋より÷を先に計算します。

$= \boxed{25}$

答 $\boxed{25}$

計算の順序
（　　）→ ×，÷ → ＋，－
に注意しましょう。

まとめ 計算の順序

- 左から順に計算します。
- (　　) があるときは, (　　) の中を先に計算します。
- ＋, －, ×, ÷がまじっている式では, ×, ÷を先に計算します。
- (　　) の中に, ＋, －, ×, ÷があるときも×, ÷を先に計算します。

---

① 14 ＋ 42 ÷ 7 ② 35 － 15 ÷ 5
③ 63 ÷ (16 － 9)

1 (8)
解答→p.194

□ (9) 4.87 ＋ 2.35

 解き方

 《(小数) ＋ (小数) の計算》──────────

筆算で計算します。

$$
\begin{array}{r}
{\scriptstyle 1\ \ 1} \\
4.87 \\
+\ 2.35 \\
\hline
\boxed{7}.\boxed{2}\,\boxed{2}
\end{array}
$$

← 位をそろえて書きます。

← 整数のときと同じように計算し, 小数点を上と同じ位置にうちます。

4.87 ＋ 2.35 ＝ 7.22

答 7.22

とちゅうの計算は整数のときと同じです。

問題◀p.34

小数のたし算の筆算

- 位をそろえて書きます。
- とちゅうは整数のときと同じように計算します。
- 答えの小数点は上と同じ位置にうちます。

1 (9)
解答→ p.194

① 5.77 ＋ 2.86　　② 4.09 ＋ 3.98

③ 2.66 ＋ 4.58

□ （10）　7.37 － 2.89

 《（小数）－（小数）の計算》 ———————

筆算で計算します。

```
      6  2
    7. 3 7      ← 位をそろえて書きます。
  − 2. 8 9
    4. 4 8      ← 整数のときと同じように計算し，
                  小数点を上と同じ位置にうちます。
```

7.37 － 2.89 ＝ 4.48

　4.48

 小数のひき算の筆算

- 位をそろえて書きます。
- とちゅうは整数のときと同じように計算します。
- 答えの小数点は上と同じ位置にうちます。

116 1 (10) (11) (12)

	① 9.28 － 4.75	② 6.2 － 3.88
1 (10) 解答→ p.194	③ 8.43 － 4.69	

□（11） $\dfrac{2}{7} + \dfrac{3}{7}$

 《（分数）＋（分数）の計算》

$$\dfrac{2}{7} + \dfrac{3}{7} = \boxed{\dfrac{5}{7}}$$ ← 分母が同じときは，
分母はそのままで
分子どうしをたします。

答 $\boxed{\dfrac{5}{7}}$

	① $\dfrac{7}{9} + \dfrac{1}{9}$	② $\dfrac{2}{11} + \dfrac{5}{11}$
1 (11) 解答→ p.194	③ $\dfrac{4}{5} + \dfrac{3}{5}$	

□（12） $\dfrac{8}{13} - \dfrac{6}{13}$

 《（分数）－（分数）の計算》

$$\dfrac{8}{13} - \dfrac{6}{13} = \boxed{\dfrac{2}{13}}$$ ← 分母が同じときは，分母はそのま
まで分子どうしをひきます。

答 $\boxed{\dfrac{2}{13}}$

	① $\dfrac{5}{7} - \dfrac{3}{7}$	② $\dfrac{10}{11} - \dfrac{4}{11}$
1 (12) 解答→ p.195	③ $1\dfrac{2}{7} - \dfrac{5}{7}$	

2 次の □ にあてはまる数を求めましょう。

□ （13）　480 g = □ kg

解き方

《重さの単位》 ———————————————

1000 g = $\boxed{1}$ kg

100 g = $\boxed{0.1}$ kg　→　400 g = $\boxed{0.4}$ kg

10 g = $\boxed{0.01}$ kg　→　80 g = $\boxed{0.08}$ kg

480 g = 400 g ＋ 80 g

= $\boxed{0.4}$ kg ＋ $\boxed{0.08}$ kg = $\boxed{0.48}$ kg

答　$\boxed{0.48}$ (kg)

重さの単位

まとめ

1000 g = 1 kg

100 g = 0.1 kg

10 g = 0.01 kg

1 g = 0.001 kg

**たしかめ
よう**
2 (13)
解答→ p.195

次の □ にあてはまる数を求めましょう。

① 730 g = □ kg　　② 8500 g = □ kg

③ 5.3 kg = □ g

□ (14)　7.3 km = □ m

 解き方

《長さの単位》

1 km = $\boxed{1000}$ m　→　7km = $\boxed{7000}$ m

0.1 km = $\boxed{100}$ m　→　0.3km = $\boxed{300}$ m

7.3 km = 7 km + 0.3 km

= $\boxed{7000}$ m + $\boxed{300}$ m = $\boxed{7300}$ m

答　$\boxed{7300}$ （m）

第3回　解説・解答

 まとめ　長さの単位

$\begin{cases} 1\ km = 1000\ m \\ 1\ m = 100\ cm \\ 1\ cm = 10\ mm \end{cases}$　$\begin{cases} 1m = 0.001\ km \\ 1cm = 0.01\ m \\ 1mm = 0.1\ cm \end{cases}$

 たしかめよう
2 (14)
解答→ p.195

次の □ にあてはまる数を求めましょう。

① 6.8 km = □ m　　② 230 m = □ km

③ 23 km = □ m

□ (15)　900000 cm² = □ m²

 解き方

《面積の単位》

1 m² = 100 cm × 100 cm より,

1 m² = $\boxed{10000}$ cm² ですから,

900000 cm² = 10000 cm² × $\boxed{90}$

= $\boxed{90}$ m²

答　$\boxed{90}$ （m²）

面積の単位

$1 \ m^2 = 10000 \ cm^2, \ 1 \ km^2 = 1000000 \ m^2$

$1 \ ha = 10000 \ m^2, \ 1 \ a = 100 \ m^2, \ 1 \ ha = 100 \ a$

1 a は 1 辺が 10 m の正方形の面積と同じです。

1 ha は 1 辺が 100 m の正方形の面積と同じです。

たしかめよう

2 (15)

解答→ p.195

次の □ にあてはまる数を求めましょう。

① $6.5 m^2 = \boxed{} \ cm^2$

② $3700 cm^2 = \boxed{} \ m^2$

③ $3.85 ha = \boxed{} \ a$

3 下のグラフは，ある日の気温を 1 時間ごとに調べたものです。これについて，次の問題に答えましょう。

（統計技能）

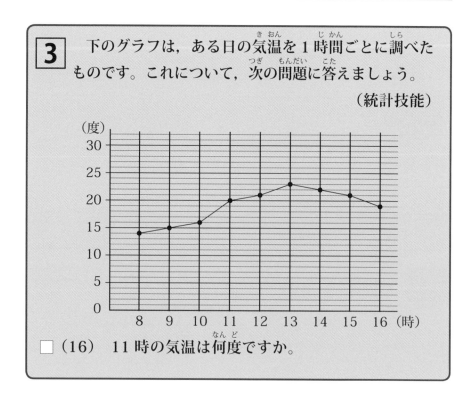

□ （16） 11 時の気温は何度ですか。

《折れ線グラフ》———————————

グラフの横じくの 11 (時) のところを上にみていくと，たてじくの 20 (度) のところに点があります。したがって，11 時の気温は $\boxed{20}$ 度とわかります。

第3回

答　$\boxed{20}$ 度

解説・解答

□（17）　15 時と気温が同じだったのは何時ですか。

 《折れ線グラフ》———————————

グラフの横じくの 15 (時) のところを上にみていくと，たてじくの 21 (度) のところに点があります。つまり，15 時のときの気温は $\boxed{21}$ 度です。次に，グラフのたてじくの 21 (度) のところを右にみていくと，$\boxed{12}$ (時) と 15 (時) の 2 つのところに点があります。したがって，15 時と気温が同じだったのは $\boxed{12}$ 時とわかります。

答　$\boxed{12}$ 時

□（18）　気温の上がり方がいちばん大きかったのは，何時と何時の間ですか。①から⑥までの中から 1 つ選んで，その番号で答えましょう。

①　8 時と 9 時の間

②　9 時と 10 時の間

③　10 時と 11 時の間

④　11 時と 12 時の間

⑤　12 時と 13 時の間

⑥　13 時と 14 時の間

《折れ線グラフ》————————————————

　グラフから，それぞれの時間ごとの温度差(おんどさ)をよみとります。

① 8時と9時の間　　14度→15度より，1度上がりました。

② 9時と10時の間　　15度→16度より，1度上がりました。

③ 10時と11時の間　　16度→20度より，④度上がりました。

④ 11時と12時の間　　20度→21度より，1度上がりました。

⑤ 12時と13時の間　　21度→23度より，2度上がりました。

⑥ 13時と14時の間　　23度→22度より，1度下がりました。

　したがって気温(きおん)の上がり方(かた)がいちばん大きかったのは，③の 10時と11時の間 です。

答　

折れ線(おせん)グラフでは、線のかたむきが急なところほど変わり方が大きくなります。

解答→ p.195

下のグラフは，N市の月別の平均気温を表したものです。これについて，次の問題に答えましょう。

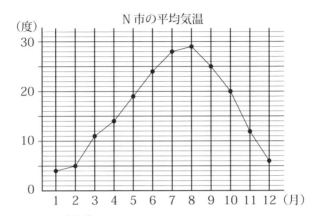

N市の平均気温

① 6月の平均気温は何度ですか。

② 平均気温がいちばん高かった月と，いちばん低かった月の差は何度でしょうか。

4 ある数から 16.78 をひくところを，まちがえてたしてしまったので，答えは 84.25 になりました。このとき，次の問題に答えましょう。

☐ (19) ある数はいくつですか。

解き方

《小数のひき算》 ━━━━━━━━━━━━

　ある数を ☐ とします。ある数 ☐ に 16.78 をたすと 84.25 になるのですから，

　　☐ + $\boxed{16.78}$ = 84.25 となります。

　　☐ = 84.25 - 16.78

　　☐ = $\boxed{67.47}$

$$
\begin{array}{r}
\overset{7}{\cancel{8}}\overset{3}{\cancel{4}}.\overset{1}{\cancel{2}}5 \\
-\ 1\ 6.\ 7\ 8 \\
\hline
6\ 7.\ 4\ 7
\end{array}
$$

答 67.47

□（20）　正しい計算をしたときの答えはいくつですか。

《小数のひき算》

（19）より，ある数は 67.47 とわかりました。正しい
計算は，16.78 をひくのですから，

67.47 － 16.78 ＝ 50.69 となります。

$$
\begin{array}{r}
6\ \overset{6}{\cancel{7}}.\overset{3}{\cancel{4}}\ 7 \\
-\ 1\ 6.\ 7\ 8 \\
\hline
5\ 0.\ 6\ 9
\end{array}
$$

答 50.69

小数のひき算は，位をそろえ
て筆算で計算しましょう。

ある数に 25.47 をたすところを，まちがえて
ひいてしまったので，答えは 14.75 になりました。
このとき，次の問題に答えましょう。

解答→ p.195

① ある数はいくつですか。
② 正しい計算をしたときの答えはいくつですか。

5 　図のように、同じ大きさの円を2つかきました。これについて，次の問題に答えましょう。

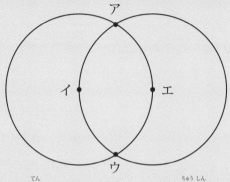

点イと点エは，2つの円の中心

□（21）点ア，イ，ウをむすんだ三角形は，どんな三角形になるでしょうか。

解き方　《三角形のせいしつ》　　　　　　　　　　　 ◯◯◯◯

　左の円の中心は点イですから，直線アイ，直線イウはともに左の円の半径です。

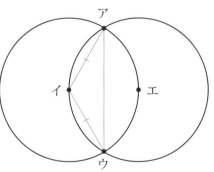

ポイント

　したがって，三角形アイウの辺アイと辺イウの長さは同じになりますから，三角形アイウは，二等辺三角形になります。

答　二等辺三角形

□（22） 点ア，イ，エをむすんだ三角形は，どんな三角
形になるでしょうか。

　《三角形のせいしつ》——————————

　　　　左の円の中心は点イですから，直線アイ，直線イエは

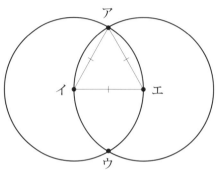

ともに左の円の半径です。ま
た，右の円の中心は点エです
から，直線イエ，直線エアは
ともに右の円の半径です。

　　　ここで，この２つの円の
大きさは同じですから，２つ
の円の半径は同じ長さになり

ます。したがって，三角形アイエの辺アイ，辺イエ，辺
エアの長さはすべて同じになりますので，三角形アイエ

は、 正三角形 になります。

答　正三角形

□（23） 点ア，イ，ウ，エをむすんだ四角形は，どんな
四角形になるでしょうか。

　《四角形のせいしつ》——————————

　　　　左の円の中心は点イですから，直線アイ，直線イウは
ともに左の円の半径です。また，右の円の中心は点エで
すから，直線ウエ，直線エアはともに右の円の半径です。
　　　ここで，この２つの円の大きさは同じですから，２つ

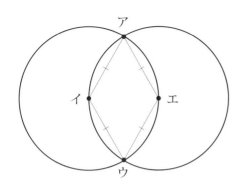

の円の半径は同じ長さになります。したがって、四角形アイウエの辺アイ、辺イウ、辺ウエ、辺エアの長さはすべて同じになります。

ポイント

したがって、四角形アイウエは、ひし形になります。

答 ひし形

図の中に円の半径を書いて、どの長さが同じになるのかを考えましょう。

たしかめよう
⑤
解答→ p.195

下の図は、同じ点を中心とする大小2つの円と中心を通る2本の直線をかいたものです。4つの点を、ア → イ → ウ → エの順につないだときにできる四角形の名前を答えましょう。

①
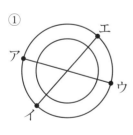

②
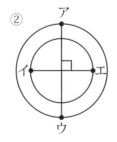

③
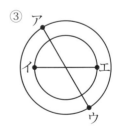

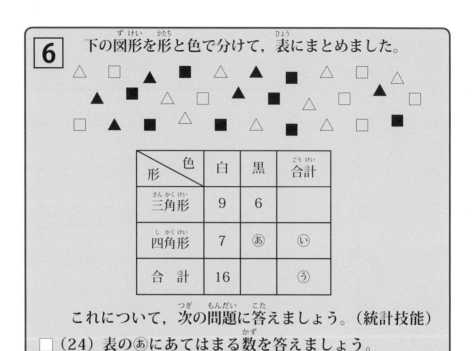

6 下の図形を形と色で分けて，表にまとめました。

形＼色	白	黒	合計
三角形	9	6	
四角形	7	あ	い
合　計	16		う

これについて，次の問題に答えましょう。（統計技能）

□ （24） 表のあにあてはまる数を答えましょう。

解き方

《整理のしかた》

　表のあのところを左にみていくと形は四角形，上にみていくと色は黒となっています。つまり，あのところには，黒の四角形の数が入ります。

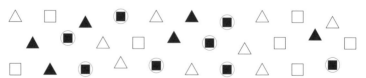

　そこで，黒の四角形に図のように ○ をつけてこ数を数えると，⑧ （こ）あることがわかります。

答　⑧

□ **(25)** 表の◎にあてはまる数を答えましょう。

《整理のしかた》 ────────────────

　表の◎のところを左にみていくと形は四角形，上にみていくと合計となっています。つまり，◎のところには，白の四角形と黒の四角形の数の合計が入ります。したがって，

　　$7 + \boxed{8} = \boxed{15}$ となります。
　　　　あ

答　$\boxed{15}$

□ **(26)** 表の⑤にあてはまる数を答えましょう。

《整理のしかた》 ────────────────

　あの下の合計は，$6 + 8 = \boxed{14}$，◎の上の合計は，$9 + 6 = \boxed{15}$ ですから，表は次のようになります。⑤は，<u>白と黒の合計，または三角形と四角形の合計</u>を表します。

形 ＼ 色	白	黒	合計
三角形	9	6	$\boxed{15}$
四角形	7	$\boxed{8}$	$\boxed{15}$
合　計	16	$\boxed{14}$	⑤

　したがって，$16 + 14 = 30$，または $15 + 15 = 30$ より，⑤には $\boxed{30}$ が入ります。

答　$\boxed{30}$

形と色の2つのことがらで，4つのグループに分けていることを理かいしましょう。

問題 ◀ p.38　**129**

たしかめ
よう
6
解答→ p.195

下の図形を形と色で分けて、表にまとめました。次の問題に答えましょう。

形＼色	白	黒	合計
円	7		
四角形	5	㋐	
合　計			㋑

① 表の㋐にあてはまる数を答えましょう。

② 表の㋑にあてはまる数を答えましょう。

---

7 図は，大，小２つの長方形を重ねたものです。次の問題に，単位をつけて答えましょう。

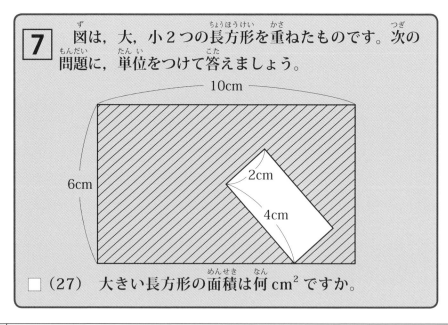

□（27） 大きい長方形の面積は何 cm² ですか。

《長方形の面積》

　　長方形の面積＝たて×横より，

　　$6 \times 10 = \boxed{60}$

答　$\boxed{60 \text{ cm}^2}$

□（28）　色のついた部分の面積は何 cm² ですか。この問題は，計算の途中の式と答えを書きましょう。

《長方形の面積》

　　色のついた部分の面積は，大きい長方形の面積から小さい長方形の面積をひけば求めることができます。

　　小さい方の長方形の面積は，$4 \times 2 = 8$ より，8cm²です。したがって，

　　$\boxed{60} - \boxed{8} = 52$ より，$\boxed{52} \text{ cm}^2$ になります。

答　$\boxed{52 \text{ cm}^2}$

色のついた部分の面積は，2つの長方形の面積を利用して求めましょう。

解答→ p.195

　　図は，大きい正方形と小さい長方形を重ねたものです。次の問題に答えましょう。

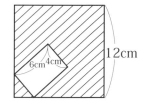

①大きい正方形の面積は何 cm² ですか。

②色のついた部分の面積は何 cm² ですか。

問題◀ p.39 131

8 　1, 2, 3, 4, 5, 6の6まいのカードがあります。このカードを，けんじさん，ひろきさん，みさとさんの3人に2まいずつ配り，そこに書いてある数をたすと，けんじさんは5，ひろきさんは6になりました。このとき，次の問題に答えましょう。（整理技能）

□（29）　みさとさんに配られた2まいのカードの数をたした答えを求めましょう。

 解き方 　《整数》 ────────────────────

　　6まいのカードに書いてある6つの数字をすべてたすと，

　　　1＋2＋3＋4＋5＋6 ＝21

になります。けんじさんとひろきさんに配られた2まいずつのカードに書いてある数字をすべてたすと，

　　　　5　　＋　　6　　　＝11
　　（けんじさん）（ひろきさん）

となります。6まいすべてのカードの数字をたすと21ですから，みさとさんに配られた残りの2まいのカードの数をたした答えは，21 － 11 ＝10とわかります。

答　　10

□（30）　けんじさん，ひろきさん，みさとさんに配られた2まいのカードに書いてある数を，それぞれ全部答えましょう。

 解き方 　《整数》 ────────────────────

　けんじさんに配られた2まいのカードは，2つの数を

たすと5になることから，$\boxed{1}$と$\boxed{4}$か，$\boxed{2}$と$\boxed{3}$のどちらか
です。ひろきさんに配られた2まいのカードは，2つ
の数をたすと6になることから，$\boxed{1}$と$\boxed{5}$か，$\boxed{2}$と$\boxed{4}$のど
ちらかです。ここで，カードにはすべて異なる数字が1
つずつ書いてあることから，<u>同じ数字が2人に配られ
ることはありません。</u>

 ポイント

したがって，けんじさんには$\boxed{2}$と$\boxed{3}$，ひろきさんには
$\boxed{1}$と$\boxed{5}$が配られたことがわかります。残りの$\boxed{4}$と$\boxed{6}$がみ
さとさんに配られたことになりますから，3人に配られ
たカードは次のようになります。

けんじさん…$\boxed{2}$と$\boxed{3}$，ひろきさん…$\boxed{1}$と$\boxed{5}$，みさとさ
ん…$\boxed{4}$と$\boxed{6}$

答 けんじさん2と3，ひろきさん1と5，
みさとさん4と6

たすと5，たすと6になる2つの数
のくみ合わせを考えてみましょう。

 たしかめ
よう 8
解答→ p.195

$\boxed{1}$，$\boxed{2}$，$\boxed{3}$，$\boxed{4}$，$\boxed{5}$，$\boxed{6}$の6まいのカードが
あります。このカードを，みちよさん，けんとさん，
とおるさんの3人に2まいずつ配り，そこに書
いてある数をかけると，みちよさんは6，けんと
さんは12になりました。このとき，みちよさん，
けんとさん，とおるさんに配られた2まいのカー
ドに書いてある数をそれぞれ全部答えましょう。

第4回　解説・解答

1 次の計算をしましょう。　　　　　　　　　　（計算技能）

□ (1)　316 ＋ 485

 《3けた＋3けたの計算》————————

筆算で計算します。

```
    1 1
    3 1 6
  + 4 8 5
  ─────────
    8 0 1
```

316 ＋ 485 ＝ 801

答　801

一の位と十の位から，それぞれ1くり上げた数をたすのをわすれないようにしましょう。

 たしかめよう
1 (1)
解答→ p.195

①　238 ＋ 443　　　　②　288 ＋ 177

③　407 ＋ 336

□ (2)　6045 － 4268

 《4けた－4けたの計算》————————

筆算で計算します。

$$\begin{array}{r} {\scriptstyle 5\ 9\ 3} \\ 6\ 0\ 4\ 5 \\ -\ 4\ 2\ 6\ 8 \\ \hline \boxed{1}\ \boxed{7}\ \boxed{7}\ \boxed{7} \end{array}$$

$$6045 - 4268 = \boxed{1777}$$

答　$\boxed{1777}$

ひけないときは1つ上の位から1くり下げてひきます。くり下げたことをわすれないようにしましょう。

解答→ p.195

① 5108 − 1909 　　② 6628 − 3994

③ 7841 − 3008

□（3）83 × 9

 解き方

《かけ算の計算》

筆算で計算します。

$$\begin{array}{r} 8\ 3 \\ \times\quad 9 \\ \hline \end{array}$$
一の位の計算

$\Rightarrow$

$$\begin{array}{r} {\scriptstyle 2} \\ 8\ 3 \\ \times\quad 9 \\ \hline 7 \end{array}$$
十の位の計算

$\Rightarrow$

$$\begin{array}{r} {\scriptstyle 2} \\ 8\ 3 \\ \times\quad 9 \\ \hline \boxed{7}\ \boxed{4}\ \boxed{7} \end{array}$$
$(8 \times 9 + 2)$

$$83 \times 9 = \boxed{747}$$

答　$\boxed{747}$

一の位の計算からくり上がった数をたすことに注意しましょう。

問題◀ p.42

① 28 × 4　　　② 87 × 3

解答→p.195

③ 43 × 6

□（4）　214 × 39

解き方

《3けた×2けたの計算》

筆算で計算します。

```
    2 1 4
  ×   3 9
```
⇒
一
の
位
の
計
算

```
  1 3
  2↗1↖4↗
×   3 9
  1 9 2 6
```
⇒
十
の
位
の
計
算

```
    1
  2↖1↗4↗
×   3 9
  1 9 2 6
  6 4 2
  8 3 4 6
```

214 × 39 = 8346

答　8346

一の位，十の位のどちらのかけ算も，くり上がる数をたすのをわすれないようにしましょう。

解答→p.195

① 245 × 31　　　② 324 × 23

③ 187 × 29

□（5）　56 ÷ 8

解き方

《2けた÷1けたの計算》

$56 \div 8 = \boxed{7}$

答 $\boxed{7}$

8 のだんの九九の中に，
8 × 7 ＝ 56 がありました。

第 4 回

解説・解答

たしかめよう
1 (5)
解答→ p.195

① $42 \div 6$　　② $49 \div 7$

③ $48 \div 8$

□ （6）　$93 \div 3$

解き方

《2 けた ÷ 1 けたの計算》 ──────

筆算で計算します。

わり算の筆算では，
位をたてにそろえ
ることが大切です。

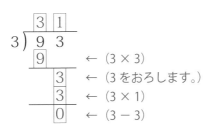

$$\begin{array}{r} 3\ 1 \\ 3\overline{)9\ 3} \\ \underline{9} \quad \leftarrow (3 \times 3) \\ 3 \quad \leftarrow (3\text{をおろします。}) \\ \underline{3} \quad \leftarrow (3 \times 1) \\ 0 \quad \leftarrow (3 - 3) \end{array}$$

$93 \div 3 = \boxed{31}$

答 $\boxed{31}$

答えのたしかめ

$3 \times \boxed{31} = 93$

わり算では答えのたしかめをしま
しょう。

たしかめよう
1 (6)
解答→ p.195

① $64 \div 2$　　② $99 \div 3$

③ $80 \div 4$

問題 ◀ p.42 **137**

（7）　832 ÷ 26

 解き方

《3けた ÷ 2けたの計算》 ———————————

筆算で計算します。

```
        3 2   ← （まず商が十の位からたつのか，一の位からた
26) 8 3 2        つのかを考えます。）
    7 8         ← （26 × 3）
      5 2       ← （83 − 78，2をおろします。）
      5 2       ← （26 × 2）
        0       ← （52 − 52）
```

832 ÷ 26 = 32

 わり算の筆算では，位をたてにそろえることが大切です。

答　32

 答えの たしかめ

26 × 32 = 832

 わり算では答えのたしかめをしましょう。

✏️ **まとめ**

わり算の筆算のしかた

①位をたてにそろえて，位の高い方から

　（答えの数をたてる）→（かける）→（ひく）

　→（おろす）

　をくりかえしていきましょう。

②わり算のたしかめの式：

　わる数×商＝わられる数

　をつかって答えのたしかめをしましょう。

	①	$962 \div 37$		②	$532 \div 28$

1(7)
解答→p.195　③　$910 \div 26$

□ (8)　$16 \times (41 - 27)$

　《計算の順序》　

$16 \times (41 - 27)$

$= 16 \times \boxed{14}$ ←（　）の中を先に計算します。

$= \boxed{224}$

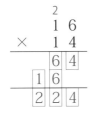

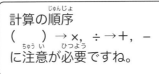

計算の順序
（　）→ ×, ÷ →＋, －
に注意が必要ですね。

答　$\boxed{224}$

計算の順序

- 左から順に計算します。
- （　）があるときは,（　）の中を先に計算します。
- ＋, －, ×, ÷がまじっている式では, ×, ÷を先に計算します。
- （　）の中に, ＋, －, ×, ÷があるときも×, ÷を先に計算します。

問題◀p.42

解答→ p.195

① 20 ＋ 20 ÷ 4 　　　 ② 44 － 36 ÷ 4

③ 13 × （25 － 19）

□ （9） 0.96 ＋ 4.28

 《（小数）＋（小数）の計算》————————

筆算で計算します。

```
  1   1
   0. 9 6
 + 4. 2 8
   5. 2 4
```

← 位をそろえて書きます。

← 整数のときと同じように計算し,
小数点を上と同じ位置にうちます。

0.96 ＋ 4.28 ＝ 5.24

答 5.24

とちゅうの計算は整数
のときと同じです。

 小数のたし算の筆算

• 位をそろえて書きます。

• とちゅうは整数のときと同じように計算します。

• 答えの小数点は上と同じ位置にうちます。

 解答→ p.195

① 3.66 ＋ 4.79 　　　 ② 5.76 ＋ 2.69

③ 6.37 ＋ 2.05

（10）　6.9 － 4.16

解き方　《（小数）－（小数）の計算》 ────────

筆算で計算します。

$$
\begin{array}{r}
\overset{8}{6.\cancel{9}} \\
-\ 4.1\ 6 \\
\hline
\boxed{2}.\boxed{7}\boxed{4}
\end{array}
$$

← 位をそろえて書きます。

← 整数のときと同じように計算し，
　小数点を上と同じ位置にうちます。

$6.9 － 4.16 = \boxed{2.74}$

答　$\boxed{2.74}$

まとめ

小数のひき算の筆算

- 位をそろえて書きます。
- とちゅうは整数のときと同じように計算します。
- 答えの小数点は上と同じ位置にうちます。

---

1 (10)
解答→ p.195

① 　$6.82 － 3.57$　　② 　$4.7 － 2.89$

③ 　$6.21 － 4.47$

（11）　$\dfrac{4}{9} + \dfrac{1}{9}$

解き方　《（分数）＋（分数）の計算》 ────────

$\dfrac{4}{9} + \dfrac{1}{9} = \boxed{\dfrac{5}{9}}$　← 分母が同じときは，
　　　　　　　　　　　　　　分母はそのままで
　　　　　　　　　　　　　　分子どうしをたします。

答　$\boxed{\dfrac{5}{9}}$

① $\dfrac{1}{7} + \dfrac{3}{7}$　　　　② $\dfrac{8}{13} + \dfrac{2}{13}$

1 (11)
解答→p.196　③ $\dfrac{7}{9} + \dfrac{4}{9}$

□ （12）　$1\dfrac{2}{5} - \dfrac{4}{5}$

 《（分数）－（分数）の計算》──────────

$$1\dfrac{2}{5} - \dfrac{4}{5}$$

$$= \dfrac{\boxed{7}}{5} - \dfrac{4}{5} \quad ← \text{分母が同じときは，分母はそのままで分子}$$
どうしをひきます。分子どうしがひけない
ときは，帯分数を仮分数になおします。

$$= \dfrac{\boxed{3}}{5}$$

 答　$\dfrac{\boxed{3}}{5}$

---

 ① $\dfrac{8}{9} - \dfrac{4}{9}$　　　　② $\dfrac{14}{17} - \dfrac{9}{17}$

1 (12)
解答→p.196　③ $1\dfrac{5}{7} - \dfrac{6}{7}$

2　次の □ にあてはまる数を求めましょう。

□ （13）　6.3 t ＝ □ kg

 《重さの単位》──────────────────

$1\,t = \boxed{1000}\,kg \qquad \rightarrow \qquad 6\,t = \boxed{6000}\,kg$

$0.1\,t = \boxed{100}\,kg \qquad \rightarrow \qquad 0.3\,t = \boxed{300}\,kg$

$6.3\,t = 6\,t + 0.3\,t = \boxed{6000}\,kg + \boxed{300}\,kg = \boxed{6300}\,kg$

答 　$\boxed{6300}$　(kg)

重さの単位

$1\,t = 1000\,kg$

$0.1\,t = 100\,kg$

$0.01\,t = 10\,kg$

2 (13)

解答→ p.196

次の □ にあてはまる数を求めましょう。

① 　$3.4t = \square\,kg$ 　　② 　$0.48t = \square\,kg$

③ 　$760kg = \square\,t$

□ (14) 　$5\,ha = \square\,m^2$

解き方

《面積の単位》 ―――――――――――――――――

$1\,ha = 100\,m \times 100\,m$ より,

$1\,ha = \boxed{10000}\,m^2$ ですから,

$5\,ha = 10000\,m^2 \times \boxed{5} = \boxed{50000}\,m^2$

答 　$\boxed{50000}$　(m²)

面積の単位

$1 \text{ m}^2 = 10000 \text{ cm}^2$, $1 \text{ km}^2 = 1000000 \text{ m}^2$

$1 \text{ ha} = 10000 \text{ m}^2$, $1 \text{ a} = 100 \text{ m}^2$, $1 \text{ ha} = 100 \text{ a}$

1 a は 1 辺が 10 m の正方形の面積と同じです。

1 ha は 1 辺が 100 m の正方形の面積と同じです。

---

2 (14)
解答→ p.196

次の □ にあてはまる数を求めましょう。

① 4.6ha = □ m^2

② 390a = □ ha

③ 3.78a = □ m^2

□ （15）　5 分 27 秒 = □ 秒

解き方

《時間の単位》

1 分 = $\boxed{60}$ 秒　　→　　5 分 = $\boxed{300}$ 秒
　　　　　　　　　　　　　　　　(60×5)

5 分 27 秒 = $\boxed{300}$ （秒）＋ $\boxed{27}$ （秒）＝ $\boxed{327}$ （秒）

答　$\boxed{327}$ （秒）

時間の単位

1 分 = 60 秒

1 時間 = 60 分

1 日 = 24 時間

次の □ にあてはまる数を求めましょう。

解答→ p.196

① 8分29秒＝ □ 秒

② 6時間48分＝ □ 分

③ 275秒＝ □ 分 □ 秒

3 次の問題に答えましょう。

□ (16) 42.195kmのマラソンコースのうち，23.4km走りました。あと何kmのこっているでしょうか。

《小数の計算》 ────────────

42.195 kmのうち，23.4 kmはすでに走りましたので，のこっている長さはひき算で計算できます。

42.195 － 23.4 ＝ 18.795 （km）

```
    3 1
  4 2. 1 9 5
－ 2 3. 4
  1 8. 7 9 5
```

答 18.795 km

小数のひき算は筆算で計算しましょう。

□ (17) 重さが1.53 kgの箱と，すなが6.26 kgあります。すなを箱に入れて全体の重さを5 kgにするとき，すなは何kgあまりますか。

問題◀ p.43 145

《小数の計算》 ———————————————

1.53 kg の箱と 6.26 kg のすなの重さを合わせると，
1.53 ＋ 6.26 ＝ 7.79 （kg）になります。

$$
\begin{array}{r}
1.\ 5\ 3 \\
+\ 6.\ 2\ 6 \\
\hline
\boxed{7}.\ \boxed{7}\ \boxed{9}
\end{array}
$$

箱の中にすなを入れて重さを 5 kg にするとき，あまるすなの重さは，箱とすなを合わせた 7.79 kg と，箱の中にすなを入れたときの 5 kg のひき算で求めることができます。

7.79 － 5 ＝ 2.79 （kg）

答 2.79 kg

 箱の中に入れるすなの重さを ☐ kg とします。

1.53 ＋ ☐ ＝ 5 より，
（箱の重さ）（すなの重さ）

☐ ＝ 5 － 1.53 ＝ 3.47 （kg）

6.26 kg のすなのうち，箱の中に 3.47 kg 入れてしまうので，のこりの重さは，ひき算で計算できます。

6.26 － 3.47 ＝ 2.79 （kg）

$$
\begin{array}{r}
{\scriptstyle 4\ \ 9} \\
5.\ 0\ 0 \\
-\ 1.\ 5\ 3 \\
\hline
\boxed{3}.\ \boxed{4}\ \boxed{7}
\end{array}
$$

$$
\begin{array}{r}
{\scriptstyle 5\ \ 1} \\
6.\ 2\ 6 \\
-\ 3.\ 4\ 7 \\
\hline
\boxed{2}.\ \boxed{7}\ \boxed{9}
\end{array}
$$

146 4 (18)

次の問題に答えましょう。

① 9.23kg のお米が入った袋があります。4.65kg のお米を使ったとき，あと何 kg のこっているでしょうか。

② 24.48L 入る容器あの中に，水が 17.76L 入っています。容器いの中の 10L の水をいくらか容器あにうつして容器あをいっぱいにするとき，容器いには水は何 L のこりますか。

解答→ p.196

第4回

解説・解答

4 大きな数 46783608542 について，次の問題に答えましょう。

□（18） 左から 3 けための数字の 7 は，何が 7 こあることを表していますか。

《大きな数》

一の位から順に各数字が何の位かを書いていきます。

4	6	7	8	3	6	0	8	5	4	2
百億の位	十億の位	一億の位	千万の位	百万の位	十万の位	一万の位	千の位	百の位	十の位	一の位

左から 3 けための数字の 7 は，一億の位の数字です。したがって，一億が 7 こあることを表しています。

答 一億（100000000）

□（19）　四捨五入して，百万の位までのがい数にしましょう。

《がい数》————————————————————

　　百万の位の1つ下の位（十万の位）の数字6を四捨五入します。十万の位の数字は6ですから，がい数は，

```
                4 0 0 0 0 0 0
  4 6 7 8 3̶ 6̶ 0̶ 8̶ 5̶ 4̶ 2̶
          百      十
          万      万
          の      の
          位      位
```

となります。　　　　　　　　　　　　答　46784000000

四捨五入した位とそれより下の位の数字は，すべて0にします。

　　大きな数 7453097325 について，次の問題に答えましょう。

①左から4けための数字の3は，何が3こあることを表していますか。

②四捨五入して，一億の位までのがい数にしましょう。

5 次の問題に答えましょう。

□（20）紙が312まいあります。1人に13まいずつ配ると，何人に配ることができますか。この問題は，計算の途中の式と答えを書きましょう。

解き方

《わり算の計算》━━━━━━━━━━━━━━ ◼️◼️◻️◻️

全体の紙の数を1人に配る紙の数でわります。

$312 \div \boxed{13} = \boxed{24}$

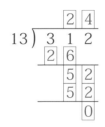

答 　$\boxed{24}$ 人

わり算の筆算では，位をたてにそろえることが大切です。

解き方

《倍の計算》 ────────────────

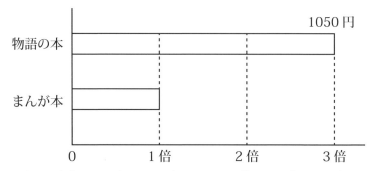

まんが本のねだんは，上の図より物語の本のねだんを
3 等分したものの 1 つ分です。 ポイント

$1050 ÷ \boxed{3} = \boxed{350}$ ， $350 × 1 = \boxed{350}$ （円）

答 $\boxed{350}$ 円

解答→ p.196

次の問題に答えましょう。

①アメが 322 こあります。1 人に 14 こずつ配る
と何人に配ることができますか。

②ケーキのねだんは，クッキーのねだんの 4 倍
で 1040 円です。クッキーのねだんは何円です
か。

6 　1辺が1cmの正方形の紙をならべて，下のような形をつくります。だんの数を1だん，2だん，3だんとふやすとき，だんの数とできた形のまわりの長さの関係を表す表をつくります。これについて，次の問題に答えましょう。

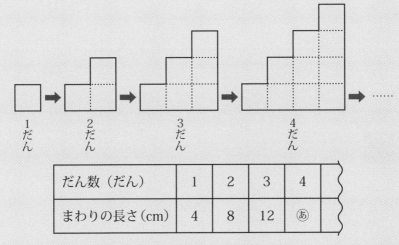

だん数（だん）	1	2	3	4	
まわりの長さ（cm）	4	8	12	㋐	

☐ （22） ㋐にあてはまる数を答えましょう。

《まわりの長さ》

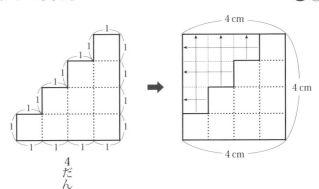

図のように，4だんのときのまわりの長さは，<u>1辺が</u>
<u>4cm の正方形のまわりの長さと等しくなります。</u>

　　したがって，㋐にあてはまる数は，

　　$4 \times 4 = \boxed{16}$（cm）となります。
　　　（辺の数）

答　　$\boxed{16}$

□（23）　だんの数を○だん，まわりの長さを△cm として，
○と△の関係を式に表しましょう。　　（表現技能）

 《変わり方》 —————————————

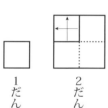 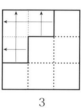 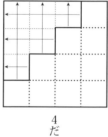

　1だん　　　2だん　　　3だん　　　　4だん

$1 \times \boxed{4}$　　$2 \times \boxed{4}$　　$3 \times \boxed{4}$　　　$4 \times \boxed{4}$　……まわりの長さ
（辺の数）　　（辺の数）　　　（辺の数）　　　　（辺の数）

　　○だんのときのまわりの長さは，<u>1辺の長さが○（cm）</u>
<u>の正方形のまわりの長さに等しくなります。</u>

　　したがって，正方形のまわりの長さは，1辺の長さの
$\boxed{4}$倍ですから，

　　○×$\boxed{4}$＝△となります。
　　　（辺の数）

答　　$\boxed{○ \times 4 = △}$

この形のまわりの長さは，正方形のまわりの長さと等しくなることを発見しましょう。

□ （24）　だんの数が 10 だんのとき，まわりの長さは何 cm ですか。

 解き方

《変わり方》

　（23）の式で○が 10 より，

　10 × 4 = 40
　（○）　　　（△）

　まわりの長さは 40 cm になります。

答　40 cm

だんの数がふえると，まわりの長さはいくつふえるのかを考えてみましょう。

たしかめよう 6

解答→ p.196

　下の表は，63 円切手を買うときの，切手の数と代金の関係を表したものです。これについて，次の問題に答えましょう。

切手の数（まい）	1	2	3	4	
代金（円）	63	126	189	あ	

① 表のあにあてはまる数を答えましょう。

② 切手の数を○まい，代金を△円として，○と△の関係を式に表しましょう。

③ 代金が 945 円になるのは，切手を何まい買ったときでしょうか。

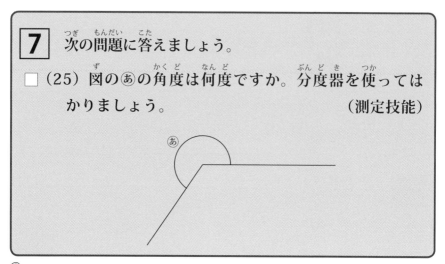

7 次の問題に答えましょう。

□ (25) 図の⑧の角度は何度ですか。分度器を使ってはかりましょう。　　　　　　　　　　　（測定技能）

《分度器》

180°より大きい角度をはかるには，次の2つの方法のどちらかでやりましょう。

● (180° + □) の方法

⑴ 1つの辺をのばして角⑦をつくります。

⑵ 分度器の中心を頂点にあわせます。

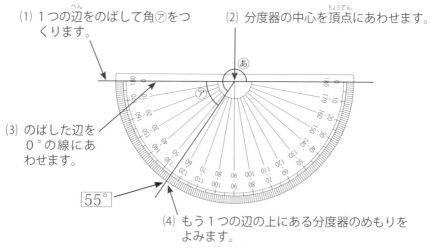

⑶ のばした辺を0°の線にあわせます。

55°

⑷ もう1つの辺の上にある分度器のめもりをよみます。

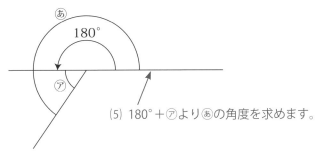

(5) 180°＋⑦より⑥の角度を求めます。

⑥は 180°＋⑦より，

180 ＋ 55 ＝ 235

答 235度

● （360°－ □ ） の方法

(1) 分度器の中心を頂点にあわせます。

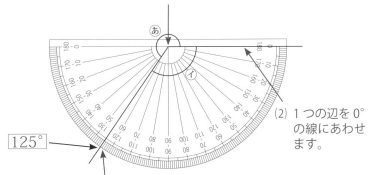

125°

(2) 1つの辺を0°
の線にあわせ
ます。

(3) もう1つの辺の上にある分度器のめもりをよみます。

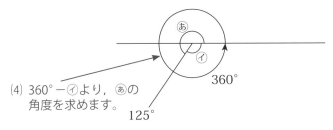

(4) 360°－④より，⑥の
角度を求めます。
125°

360°

⑥は 360°－④より，

360 － 125 ＝ 235

答 235度

□（26） 解答用紙の点アに分度器の中心を合わせて，32°の角をかきましょう。　　　　（作図技能）

ア　　　　　　　　　　　イ

解き方　《分度器》

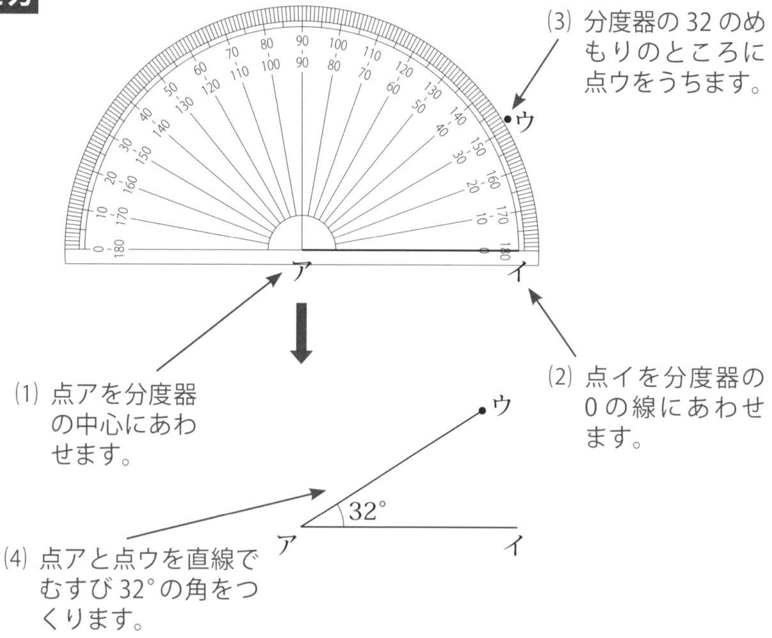

(3) 分度器の 32 のめもりのところに点ウをうちます。

•ウ

ア　　　　イ

(1) 点アを分度器の中心にあわせます。

(2) 点イを分度器の 0 の線にあわせます。

•ウ

32°
ア　　　　　　イ

(4) 点アと点ウを直線でむすび 32°の角をつくります。

答

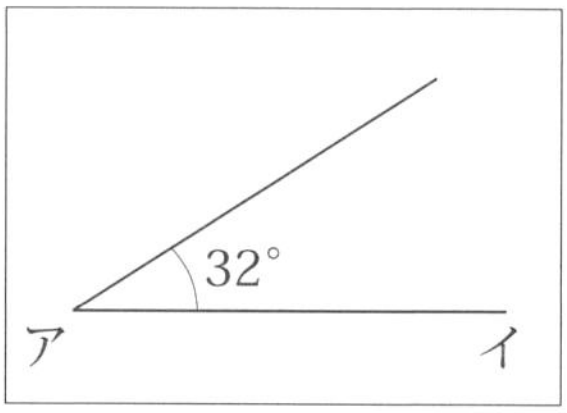

32°
ア　　　　　　　イ

次の問題に答えましょう。

① 図の⑧の角度は何度ですか。分度器を使ってはかりましょう。

解答→ p.196

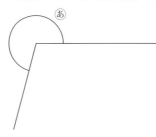

② 点アに分度器の中心を合わせて，42°の角をかきましょう。

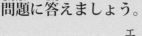

ア _____ イ

8 図のような直方体があります。これについて，次の問題に答えましょう。

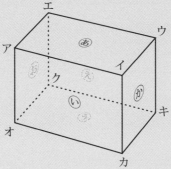

☐（27）面⑧と平行な辺はどれでしょうか。全部答えましょう。

《面や辺の平行》 ────────── ⬜⬜⬜

　直方体では，向かい合っている面は 平行 になります。したがって，面㋐と平行な面は ⑤ となります。面⑤の長方形の４つの辺はすべて面㋐と平行になりますから，辺 オカ ，辺 カキ ，辺 キク ，辺 クオ がすべて面㋐と平行になります。

平行な面は，向かい合っている面です。

答 辺オカ，辺カキ，辺キク，辺クオ

□（28）　面㋕と垂直な面はどれでしょうか。全部答えましょう。

《面や辺の垂直》 ────────── ⬜⬜⬜

　直方体では，となり合っている面は 垂直 になります。したがって，面㋕ととなり合っている面 ㋐ ，面 ㋑ ，面 ㋒ ，面 ㋓ がすべて，面㋕と垂直になります。

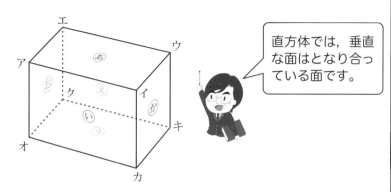

直方体では，垂直な面はとなり合っている面です。

答 面あ，面い，面う，面え

たしかめよう 8
解答→p.196

図のような立方体があります。これについて，次の問題に答えましょう。

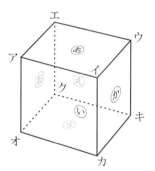

① 面いと垂直な面はどれでしょうか。全部答えましょう。

② 面あと垂直な辺はどれでしょうか。全部答えましょう。

9　下の式は，あるきまりにしたがってならんでいます。これについて，次の問題に答えましょう。　（整理技能）

1番め　　$2 \times 2 - 1 \times 1 = 1 \times 2 + 1$

2番め　　$3 \times 3 - 2 \times 2 = 2 \times 2 + 1$

3番め　　$4 \times 4 - 3 \times 3 = 3 \times 2 + 1$

4番め　　$5 \times 5 - 4 \times 4 = 4 \times 2 + 1$

5番め　　

$\vdots$　　　　　　　　$\vdots$

□（29）　5番めの□□にあてはまる式を書きましょう。

《計算のきまり》—————————

=の左と右で計算のきまりをみつけます。

=の左側	=の右側
1番め　$2 \times 2 - 1 \times 1$	1番め　$1 \times 2 + 1$
2番め　$3 \times 3 - 2 \times 2$	2番め　$2 \times 2 + 1$
3番め　$4 \times 4 - 3 \times 3$	3番め　$3 \times 2 + 1$
4番め　$5 \times 5 - 4 \times 4$	4番め　$4 \times 2 + 1$
より，=の左側の式は	より，=の右側の式は
（番号+1）×（番号+1）	（番号）×2+1
－（番号）×（番号）	の形になっています。
の形になっています。	
5番め　$\boxed{6 \times 6} - \boxed{5 \times 5}$	5番め　$\boxed{5 \times 2} + \boxed{1}$

したがって □ にあてはまる式は，

$\boxed{6 \times 6} - \boxed{5 \times 5} = \boxed{5 \times 2 + 1}$ となります。

答　$\boxed{6 \times 6 - 5 \times 5 = 5 \times 2 + 1}$

□（30）　$77 \times 77 - 76 \times 76$ を計算しましょう。

《計算のきまり》

76番めの式は，次のようになります。

$77 \times 77 - 76 \times 76 = \boxed{76} \times \boxed{2} + 1$

$76 \times 2 = \boxed{152}$，$152 + 1 = \boxed{153}$ より

$77 \times 77 - 76 \times 76 = \boxed{153}$

答　$\boxed{153}$

たしかめよう
9
解答→ p.196

下の式は，あるきまりにしたがってならんでいます。これについて，次の問題に答えましょう。

1番め　$3 \times 3 - 1 \times 1 = 1 \times 4 + 4$

2番め　$4 \times 4 - 2 \times 2 = 2 \times 4 + 4$

3番め　$5 \times 5 - 3 \times 3 = 3 \times 4 + 4$

4番め　$6 \times 6 - 4 \times 4 = 4 \times 4 + 4$

・　　　　　　　・

6番め　⬚

① 6番めの □ に入る式を書きましょう。

② $27 \times 27 - 25 \times 25$ を計算しましょう。

第5回　解説・解答

---

1 次の計算をしましょう。　　　　　　　　（計算技能）

☐ (1)　668 ＋ 258

 解き方　《3けた＋3けたの計算》————————

筆算で計算します。

```
    1 1
    6 6 8
 +  2 5 8
 ─────────
    9 2 6
```

668 ＋ 258 ＝ 926

答　926

> 一の位と十の位から，そ
> れぞれ1くり上げた数を
> たすのをわすれないよう
> にしましょう。

 たしかめよう

①　609 ＋ 194　　　②　653 ＋ 287

③　689 ＋ 188

1 (1)
解答→ p.196

☐ (2)　8105 － 3867

《4けた－4けたの計算》————————

筆算で計算します。

$$
\begin{array}{r}
{\scriptstyle 7\;0\;9} \\
8\;\cancel{1}\;\cancel{0}\;5 \\
-\;3\;8\;6\;7 \\
\hline
\boxed{4}\;\boxed{2}\;\boxed{3}\;\boxed{8}
\end{array}
$$

$8105 - 3867 = \boxed{4238}$

答　$\boxed{4238}$

ひけないときは 1 つ上の位から 1 くり下げてひきます。くり下げたことをわすれないようにしましょう。

たしかめよう
1 (2)
解答→ p.196

① 4918 － 2119 　　② 7647 － 4488
③ 6672 － 1289

□（3）　47 × 7

解き方

《かけ算の計算》 ────────────

筆算で計算します。

$$
\begin{array}{r}
4\;7 \\
\times\;\;\;7 \\
\hline
\end{array}
\Rightarrow
\begin{array}{r}
{\scriptstyle 4} \\
4\;7 \\
\times\;\;\;7 \\
\hline
9
\end{array}
\Rightarrow
\begin{array}{r}
{\scriptstyle 4} \\
4\;7 \\
\times\;\;\;7 \\
\hline
\boxed{3}\;\boxed{2}\;9
\end{array}
$$

一の位の計算　　　十の位の計算　　　$(4 \times 7 + 4)$

$47 \times 7 = \boxed{329}$

答　$\boxed{329}$

一の位の計算からくり上がった数をたすことに注意しましょう。

問題 ◀ p.50

① 63 × 7 ② 49 × 5

 ③ 68 × 8
解答→ p.196

□ (4) 326 × 24

解き方 《3けた×2けたの計算》——————

筆算で計算します。

```
    3 2 6        1 2          1
  ×   2 4      3 2 6        3 2 6
  ─────── ⇒ ×   2 4 ⇒   ×   2 4
              ─────────      ─────────
              1 3 0 4        1 3 0 4
                            6 5 2
                            ─────────
                            7 8 2 4
```

一の位の計算　　十の位の計算

326 × 24 = 7824

答　7824

一の位，十の位のどちらのかけ算も，くり
上がる数をたすのをわすれないようにしま
しょう。

---

 ① 389 × 19 ② 238 × 28

 ③ 315 × 23
解答→ p.196

□ (5) 45 ÷ 5

解き方 《2けた÷1けたの計算》——————

45 ÷ 5 = 9

答　9

---

164 ① (4) (5) (6)

5 のだんの九九の中に,
5 × 9 = 45 がありました。

1 (5)
解答→p.197

① 40 ÷ 5 ② 81 ÷ 9

③ 63 ÷ 7

□ (6) 82 ÷ 2

《2 けた ÷ 1 けたの計算》

筆算で計算します。

```
    4 1
2) 8 2
   8      ← (2 × 4)
     2    ← (2 をおろします。)
     2    ← (2 × 1)
     0    ← (2 − 2)
```

わり算の筆算では,
位をたてにそろえ
ることが大切です。

82 ÷ 2 = 41

答 41

答えの
たしかめ

2 × 41 = 82

わり算では答
えのたしかめ
をしましょう。

1 (6)
解答→ p.197

① 86 ÷ 2 ② 66 ÷ 3

③ 42 ÷ 2

問題 ◀ p.50

□ (7)　850 ÷ 34

 《3けた÷2けたの計算》 ―――――――――

解き方　筆算で計算します。

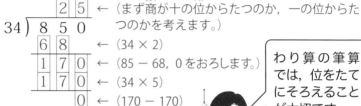

← （まず商が十の位からたつのか，一の位からたつのかを考えます。）

← （34 × 2）

← （85 − 68, 0をおろします。）

← （34 × 5）

← （170 − 170）

わり算の筆算では，位をたてにそろえることが大切です。

850 ÷ 34 ＝ 25

答　25

 答えのたしかめ

34 × 25 ＝ 850

わり算では答えのたしかめをしましょう。

まとめ　**わり算の筆算のしかた**

①位をたてにそろえて，位の高い方から

（**答えの数をたてる**）→（**かける**）→（**ひく**）→（**おろす**）

をくりかえしていきましょう。

②わり算のたしかめの式：

わる数×商＝わられる数

をつかって答えのたしかめをしましょう。

 たしかめよう

1 (7)

解答→ p.197

① 980 ÷ 35　　② 812 ÷ 29

③ 943 ÷ 23

□（8）　76 − 50 ÷ 2

解き方

《計算の順序》————————————

$$76 - 50 \div 2$$
$$= 76 - \boxed{25}$$　←　＋，−より先に×，÷を計算します。
$$= \boxed{51}$$

```
      2 5
   2 ) 5 0
       4
       1 0
       1 0
         0
```

計算の順序
（　　）→ ×，÷ → ＋，−
に注意が必要ですね。

答　$\boxed{51}$

まとめ

計算の順序

- 左から順に計算します。
- （　　）があるときは，（　　）の中を先に計算します。
- ＋，−，×，÷がまじっている式では，×，÷を先に計算します。
- （　　）の中に，＋，−，×，÷があるときも×，÷を先に計算します。

たしかめよう

1 (8)
解答→ p.197

①　12 ＋ 24 ÷ 6　　②　60 − 30 ÷ 6

③　64 ÷ （24 − 16）

□ (9)　6.76 + 2.08

解き方

《（小数）＋（小数）の計算》 ———————————

筆算（ひっさん）で計算（けいさん）します。

$$
\begin{array}{r}
{\scriptstyle 1} \\
6.76 \\
+\ 2.08 \\
\hline
8.84
\end{array}
$$

← 位（くらい）をそろえて書（か）きます。

← 整数（せいすう）のときと同じように計算し，
小数点（しょうすうてん）を上と同じ位置（いち）にうちます。

6.76 + 2.08 = 8.84

　8.84

とちゅうの計算は整数
のときと同じです。

まとめ

小数のたし算の筆算

- 位をそろえて書きます。

- とちゅうは整数のときと同じように計算します。

- 答（こた）えの小数点は上と同じ位置にうちます。

たしかめ
よう

① 4.88 + 2.68　　② 3.78 + 4.58

③ 6.54 + 2.87

1 (9)
解答→ p.197

□ (10)　6.43 − 3.68

解き方

《（小数）－（小数）の計算》 ———————————

筆算で計算します。

$$\begin{array}{r} \overset{5}{}\overset{3}{} \\ 6.\overset{\cancel{4}}{}3 \\ -\ 3.6\ 8 \\ \hline \boxed{2}.\boxed{7}\boxed{5} \end{array}$$

← 位をそろえて書きます。

← 整数のときと同じように計算し、
小数点を上と同じ位置にうちます。

$6.43 - 3.68 = \boxed{2.75}$

答　$\boxed{2.75}$

小数のひき算の筆算

- 位をそろえて書きます。

- とちゅうは整数のときと同じように計算します。

- 答えの小数点は上と同じ位置にうちます。

第5回

解説・解答

解答→ p.197

① $5.67 - 4.78$　　② $8.3 - 6.54$

③ $8.24 - 5.76$

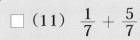

□ (11)　$\dfrac{1}{7} + \dfrac{5}{7}$

《（分数）＋（分数）の計算》 ──

$\dfrac{1}{7} + \dfrac{5}{7} = \dfrac{\boxed{6}}{\boxed{7}}$　← 分母が同じときは、
分母はそのままで
分子どうしをたします。

答　$\dfrac{6}{7}$

解答→ p.197

① $\dfrac{1}{7} + \dfrac{4}{7}$　　② $\dfrac{6}{11} + \dfrac{2}{11}$

③ $\dfrac{5}{9} + \dfrac{8}{9}$

問題 ◀ p.50

□（12） $1\dfrac{2}{7} - \dfrac{3}{7}$

 《（分数）－（分数）の計算》 ────────

$$1\dfrac{2}{7} - \dfrac{3}{7}$$

$$= \boxed{\dfrac{9}{7}} - \dfrac{3}{7}$$ ← 分母が同じときは，分母はそのままで分子
どうしをひきます。分子どうしがひけない
ときは，帯分数を仮分数になおします。

$$= \boxed{\dfrac{6}{7}}$$

答 $\boxed{\dfrac{6}{7}}$

① $\dfrac{5}{7} - \dfrac{1}{7}$ ② $\dfrac{8}{11} - \dfrac{3}{11}$

1 (12)
解答→ p.197 ③ $1\dfrac{7}{9} - \dfrac{8}{9}$

2 次の □ にあてはまる数を求めましょう。

□（13） $80000000 \text{ m}^2 = \boxed{} \text{ km}^2$

 《面積の単位》 ────────

$1 \text{ km}^2 = 1000 \text{ m} \times 1000 \text{ m}$ より，

$1 \text{ km}^2 = \boxed{1000000} \text{ m}^2$ ですから，

$80000000 \text{ m}^2 = 1000000 \text{ m}^2 \times \boxed{80}$

$= \boxed{80} \text{ km}^2$

答 $\boxed{80}$ （km²）

次の □ にあてはまる数を求めましょう。

② (13)
解答→ p.197

① $45000000 \text{m}^2 = \boxed{} \text{km}^2$

② $0.54 \text{km}^2 = \boxed{} \text{m}^2$

③ $36000 \text{m}^2 = \boxed{} \text{km}^2$

第 5 回

解説・解答

□ (14)　$7 \text{a} = \boxed{} \text{m}^2$

解き方

《面積の単位》

$1 \text{a} = 10 \text{m} \times 10 \text{m}$ より,

$1 \text{a} = \boxed{100} \text{m}^2$ ですから,

$7 \text{a} = 100 \text{m}^2 \times \boxed{7} = \boxed{700} \text{m}^2$

答　$\boxed{700}$ (m^2)

次の □ にあてはまる数を求めましょう。

② (14)
解答→ p.197

① $1.3 \text{a} = \boxed{} \text{m}^2$　　② $7.3 \text{ha} = \boxed{} \text{m}^2$

③ $3800 \text{m}^2 = \boxed{} \text{a}$

□ (15)　$10000 \text{a} = \boxed{} \text{ha}$

解き方

《面積の単位》

$1 \text{a} = \boxed{100} \text{m}^2$, $1 \text{ha} = \boxed{10000} \text{m}^2$ より,

$1 \text{ha} = \boxed{100} \text{a}$ ですから,

$10000 \text{a} = 100 \text{a} \times \boxed{100} = \boxed{100} \text{ha}$

答　$\boxed{100}$ (ha)

面積の単位

$1 \text{ m}^2 = 10000 \text{ cm}^2$, $1 \text{ km}^2 = 1000000 \text{ m}^2$

$1 \text{ ha} = 10000 \text{ m}^2$, $1 \text{ a} = 100 \text{ m}^2$, $1 \text{ ha} = 100 \text{ a}$

1 a は 1 辺が 10 m の正方形の面積と同じです。

1 ha は 1 辺が 100 m の正方形の面積と同じです。

たしかめよう 2 (15)
解答→ p.197

次の □ にあてはまる数を求めましょう。

① 7000a = □ ha　　② 6.5ha = □ a

③ 980a = □ ha

3 　図のグラフは、ゆりさんが水そうに水を入れたとき、水そうの中の水の量を調べたものです。これについて、次の問題に答えましょう。　　　　　（統計技能）

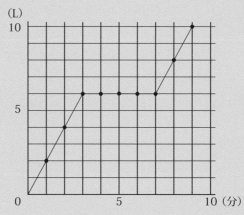

□ (16) ゆりさんは、水そうに水を入れたとき、途中で水を何分間かとめていました。ゆりさんが水をとめていたのは何分間でしょうか。

解き方　《折れ線グラフ》 ────────────

　グラフのたてじくは，水そうの中の水の量を表しています。水をとめている間は水の量はふえないので，グラフはその間は横じくと平行になっているはずです。グラフをみると，3つめの点から7つめの点までは，グラフは横じくと平行になっています。横じくの1めもりは1分を表しているので，③分後から⑦分後までの④分間，水をとめていたことがわかります。

> 折れ線グラフが横じくと平行になるときは，変化がないときですね。

答　④ 分間

□ **(17)　ゆりさんは，1分間に何Lずつ水を入れましたか。**

解き方　《折れ線グラフ》 ────────────

　折れ線グラフの各点における時間と水の量を書きだします。

0分後	0 L	⟩ 2 L
1分後	2 L	⟩ 2 L
2分後	4 L	⟩ 2 L
3分後	6 L	
	（とめている）	
7分後	6 L	⟩ 2 L
8分後	8 L	⟩ 2 L
9分後	10 L	

　水の量は，いつも1分に②Lずつふえていますので，1分間に入れた水の量は②Lです。

答　② L

□（18）もし途中で水をとめなければ，入れはじめてから何分後に水そうの水の量が 10 L になったでしょうか。

《折れ線グラフ》 ────────────────

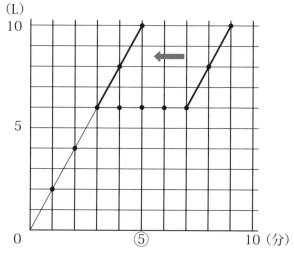

図のように，水の量がふえている部分を，横じくと平行になっているところの前につなげると，10 L になるのは，入れはじめてから ⑤ 分後であることがわかります。

答　⑤ 分後

解答→ p.197

図のグラフは，けんたさんが水そうに水を入れたとき，水そうの中の水の量を調べたものです。これについて，次の問題に答えましょう。

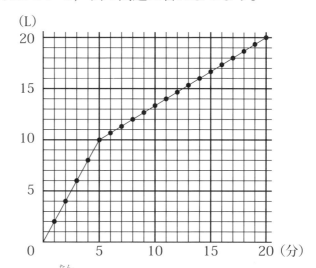

①　はじめは1分間に何Lずつ水を入れましたか。

②　けんたさんは，途中で入れる水の量を少なくしました。もし，水の量を少なくしなければ，入れはじめてから何分後に水の量が20Lになったでしょうか。

③　入れる水の量を少なくしていたのは何分間ですか。

グラフのめもりをよみまちがえないようにしましょう。

4 　図のように、半径 12cm の大きい円えの中に、2つの小さい円いとうがあり、点アでぴったりくっついています。点イ、ウ、エは3つの円い、う、えのそれぞれの中心です。直線アオが3つの円の中心を通るとき、次の問題に単位をつけて答えましょう。

ア　　　2 cm　　　　　　12 cm　　　オ
　　　イ　ウ　　　エ

□（19）直線アイの長さは何 cm ですか。

解き方　《円の半径》　――――――――――――――

　　点エは円えの中心ですから、直線アエは円えの半径となりますので、長さは 12 cm とわかります。また、図より直線アエは円いの直径になっています。よって円いの直径の長さは 12 cm となります。ここで、円いの中心は点イですから、直線アイは円いの半径になっています。半径＝直径÷2 より、

　　直線アイの長さは、12 ÷ 2 ＝ 6 、 6 cm となります。

　　　　　　　　　　　　　　　　　　　　　　答　 6 cm

□（20）　直線イウの長さが 2 cm のとき，円⑤の直径は何 cm ですか。

《円の半径》

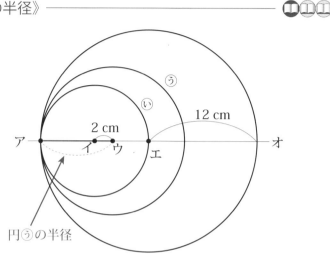

円⑤の半径

　　円⑤の中心は点ウですから，直線アウは円⑤の半径になっています。ここで，直線アウの長さは，直線アイと直線イウをたせばよいので，

　　6 ＋ 2 ＝ 8 （cm）となります。

　　直径＝半径× 2 より，

　　円⑤の直径は，

　　8 × 2 ＝ 16 ，16 cm となります。

答　 16 cm

大，中，小の 3 つの円の中心が大きい円の直径の上にならんでいます。直線アイ，アウ，アエは，それぞれ何を表しているのか考えましょう。

解答→ p.197

たしかめよう ④

図のように，大きい円の中に小さい円があり，2つの円は点アでぴったりくっついています。点イ，ウは2つの円の中心です。直線アエが2つの円の中心を通るとき，次の問題に答えましょう。

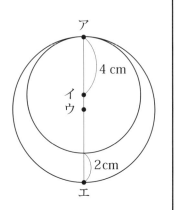

① 大きい円の直径は何 cm でしょうか。
② 直線イウの長さは何 cm でしょうか。

---

5 下の図のようなひし形について，次の問題に答えましょう。

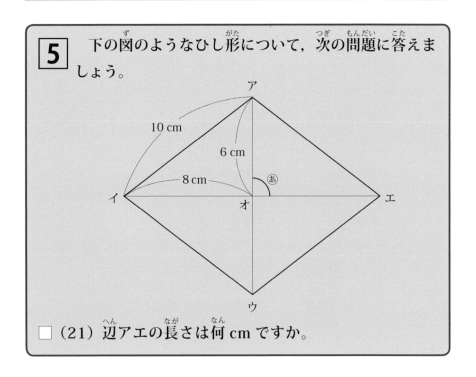

☐ (21) 辺アエの長さは何 cm ですか。

《ひし形のせいしつ》 ———————

ひし形とは 4 つの辺の長さがすべて等しい四角形のことです。したがって，辺アエの長さは $\boxed{10}$ cm です。

答 $\boxed{10}$ cm

□（22） 直線ウオの長さは何 cm ですか。

 《ひし形のせいしつ》 ———————

ひし形の対角線は 2 本あり，対角線が交わった点でそれぞれが $\boxed{2}$ 等分されます。したがって，図の直線ウオと直線アオは同じ長さになりますので，直線ウオの長さは $\boxed{6}$ cm とわかります。

答 $\boxed{6}$ cm

□（23） ⓐの角の大きさは何度ですか。

 《ひし形のせいしつ》 ———————

ひし形の対角線は $\boxed{垂直}$ になっています。したがって，ⓐの角の大きさは $\boxed{90}$ 度です。

答 $\boxed{90}$ 度

次ページの各四角形の対角線の特ちょうを理かいしましょう。

四角形の対角線の特ちょう

名　前　　　　特ちょう	台形 だいけい	平行 へいこう 四辺形 し へんけい	ひし形 がた	長方形 ちょうほうけい	正方形 せいほうけい
2本の対角線の長さは等しい。	×	×	×	○	○
2本の対角線が交わった点でそれぞれが2等分される。	×	○	○	○	○
2本の対角線が交わった点から4つの頂点までの長さが等しい。	×	×	×	○	○
2本の対角線が垂直になっている。	×	×	○	×	○

解答→ p.197

図のようなひし形について，次の問題に答えましょう。

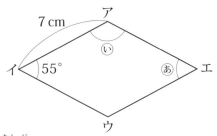

① あの角の大きさは何度ですか。

② いの角の大きさは何度ですか。

③ 辺イウの長さは何 cm ですか。

6 つるとかめが合わせて 9 ひきいます。下の表は, つるの数, かめの数, 足の数の合計の関係を表したものです。これについて, 次の問題に答えましょう。

つるの数○（ひき）	0	1	2	3	4
かめの数△（ひき）	9	8	7	6	
足の数の合計 （本）	36	34	32	㋐	

☐（24）㋐にあてはまる数を答えましょう。

 解き方　《数の変わり方》—————————————

　　つるの足は 2 本ですから, つる 3 びきの足の数は 2 × 3 ＝ 6 より, 6 本になります。かめの足は 4 本ですから, かめ 6 ひきの足の数は, 4 × 6 ＝ 24 より, 24 本になります。

　　㋐にあてはまる数は, つる 3 びきの足の数とかめ 6 ひきの足の数の合計ですから,

6 ＋ 24 ＝ 30 となります。

 答　30

☐（25）　つるの数を○ひき, かめの数を△ひきとして, ○と△の関係を式に表しましょう。　　　（表現技能）

 解き方　《数の変わり方》—————————————

　　つるが○ひき, かめが△ひき, 合わせて 9 ひきいますので, ○と△の関係は, ○＋△ ＝ 9 となります。

答　○＋△＝9

《数の変わり方》——————————————————

　表には，つるの数が 3 びきまで書いてあるので，つ
るの数を 1 ぴきずつふやしていきます。

・つるの数 4 ひき，かめの数 5 ひきのとき
　つるの足の数，$2 \times 4 = \boxed{8}$（本），かめの足の数，
$4 \times 5 = \boxed{20}$（本）
　足の数の合計は，$8 + 20 = \boxed{28}$（本）

・つるの数 5 ひき，かめの数 4 ひきのとき
　つるの足の数，$2 \times 5 = \boxed{10}$（本），かめの足の数，
$4 \times 4 = \boxed{16}$（本）
　足の数の合計は，$10 + 16 = \boxed{26}$（本）

・つるの数 6 ひき，かめの数 3 びきのとき
　つるの足の数，$2 \times 6 = \boxed{12}$（本），かめの足の数，
$4 \times 3 = \boxed{12}$（本）
　足の数の合計は，$12 + 12 = \boxed{24}$（本）

　したがって，足の数の合計が 24 本になるのは，つ
るが $\boxed{6}$ ひき，かめが $\boxed{3}$ びきいるときです。

答　つるが 6 ひき，かめが 3 びき

解答→ p.197

三角形と五角形が合わせて 10 こあります。下の表は，三角形の数，五角形の数，辺の数の合計の関係を表したものです。これについて，次の問題に答えましょう。

三角形の数（こ）	0	1	2	3	
五角形の数（こ）	10	9	8	7	
辺の数の合計（本）	50	48	46	ⓐ	

① 表のⓐにあてはまる数を答えましょう。

② 三角形の数を○こ，五角形の数を△ことして，○と△の関係を式に表しましょう。

③ 辺の数が 38 本のとき，三角形はいくつありますか。

7 図のような長方形があります。次の問題に単位をつけて答えましょう。

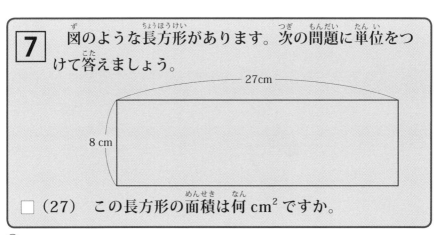

□（27）　この長方形の面積は何 cm^2 ですか。

 解き方

《長方形の面積》

長方形の面積＝たて×横より，

$8 \times 27 = \boxed{216}$

 　$\boxed{216 \text{ cm}^2}$

□（28） この長方形の面積を変えないで，横の長さを 18 cm にするとき，たての長さを何 cm にするとよいでしょうか。この問題は，計算の途中の式と答えを書きましょう。

解き方

《長方形の面積》 ━━━━━━━━━━━━━━━

たての長さを □ cm とします。

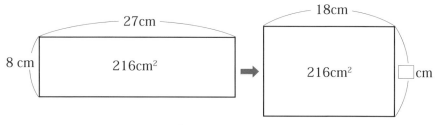

面積は 216 cm² を変えないので，式は，

□ × 18 = 216 となります。

□ = 216 ÷ 18

□ = 12 より，

たての長さは 12 cm となります。

$$
\begin{array}{r}
12 \\
18{\overline{\smash{\big)}\,216}} \\
\underline{18} \\
36 \\
\underline{36} \\
0
\end{array}
$$

答 12 cm

□を使って，面積をまずかけ算で表してみましょう。

ず　図のような長方形があります。次の問題に答え

解答→ p.197
ましょう。

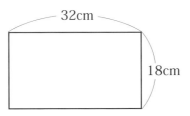

① 　この長方形の面積は何 cm² ですか。
② 　この長方形の面積を変えないで，たての長さを 12cm にするとき，横の長さは何 cm にするとよいでしょうか。

第 5 回

解説・解答

8　1 から 7 までの整数が，どれか 1 つだけ書いてあるカードが 3 まいあります。この 3 まいのカードに書いてある整数は全部ちがいます。この 3 まいのカードから 2 まいをえらんで，書いてある整数をたすことを 2 回くりかえすと，1 回めは 5，2 回めは 11 でした。このとき，次の問題に答えましょう。　（整理技能）

☐（29）この 3 まいのカードに書いてある数を，全部答えましょう。

　《整数》

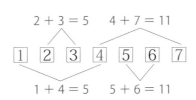

1から7までの整数から，ちがう数を2つえらんでたすと5になるのは，2つの数が $\boxed{1}$ と $\boxed{4}$，$\boxed{2}$ と $\boxed{3}$ のどちらかのときです。また，たすと11になるのは，2つの数が $\boxed{4}$ と $\boxed{7}$，$\boxed{5}$ と $\boxed{6}$ のどちらかのときです。

　ここでは，この2つの数は2回とも，3まいのカードから2まいをえらんだときにカードに書いてある数ですから，1回めは2と3，2回めは5と6のように 4 つの数字がでることはありえません。

　したがって，3つの数字をたすと，5と11になるのは，1回めは 1 ＋ 4 ＝ 5，2回めは 4 ＋ 7 ＝ 11 となるときです。

　3まいのカードに書いてある整数は，$\boxed{1}$，$\boxed{4}$，$\boxed{7}$ です。

答　$\boxed{1, 4, 7}$

たすと5，たすと11になる2つの数のくみ合わせを考えましょう。

□（30）　この3まいのカードをならべて3けたの数をつくります。できる3けたの数のうち，いちばん大きい数からいちばん小さい数をひくといくつになりますか。

 《整数》

$\boxed{7}\boxed{4}\boxed{1}$，$\boxed{7}\boxed{1}\boxed{4}$

$\boxed{4}\boxed{7}\boxed{1}$，$\boxed{4}\boxed{1}\boxed{7}$

$\boxed{1}\boxed{7}\boxed{4}$，$\boxed{1}\boxed{4}\boxed{7}$

$\boxed{1}$，$\boxed{4}$，$\boxed{7}$をならべてできる 3 けたの数のうち，いちばん大きい数は，3 つの数を大きい順にならべた $\boxed{741}$ です。

また，いちばん小さい数は，3 つの数を小さい順にならべた $\boxed{147}$ です。

したがって，

$741 - 147 = \boxed{594}$ になります。

$$
\begin{array}{r}
{\scriptstyle 6\ 3} \\
7\ 4\ 1 \\
-\ 1\ 4\ 7 \\
\hline
\boxed{5}\ \boxed{9}\ \boxed{4}
\end{array}
$$

答　$\boxed{594}$

解答→p.197

1 から 8 までの整数が，どれか 1 つだけ書いてあるカードが 3 まいあります。この 3 まいのカードに書いてある整数は全部ちがいます。この 3 まいのカードから 2 まいをえらんで，書いてある整数をたすことを 2 回くりかえすと，1 回めは 6，2 回めは 13 でした。このとき，次の問題に答えましょう。

① この 3 まいのカードに書いてある数を全部答えましょう。

② この 3 まいのカードをならべて 3 けたの数をつくります。できる 3 けたの数のうち，大きい方から 2 番めの数はいくつですか。

第1回

1

(1) 743　　　　　　(2) 3468

(3) 448　　　　　　(4) 925

(5) 7　　　　　　　(6) 23

(7) 23　　　　　　(8) 47

(9) 8.24　　　　　(10) 3.58

(11) $\dfrac{4}{5}$　　　　　　(12) $\dfrac{3}{11}$

2

(13) 6.7t　　　　　(14) 228 秒

(15) 5000000 m^2

3

(16) 10 mm　　　　(17) 7 月

(18) 60 mm

4

(19) 60 cm　　　　(20) 1200 cm^2

5

(21) 長方形　　　　(22) 平行四辺形

(23) ひし形

6

(24) 5 人　　　　　(25) 5

(26) 11

7

(27) 768 m^2

(28) 長方形㋐の横の長さを□ m とすると，

16 ×□= 384

□= 384 ÷ 16 = 24

　　　　　　　　　　答　24 m

8

(29) 1 + 2 + 3 + 4 + 5 + 4 + 3
+ 2 + 1 = 5 × 5

(30) 400

第2回

1

(1) 422　　　　　　(2) 2287

(3) 232　　　　　　(4) 1794

(5) 6　　　　　　　(6) 23

(7) 24　　　　　　(8) 74

(9) 9.32　　　　　(10) 2.52

(11) $\dfrac{3}{5}$　　　　　　(12) $\dfrac{4}{7}$

2

(13) 4300 g　　　　(14) 3 分 35 秒

(15) 40000 cm^2

3

(16) $\dfrac{4}{5}$ L　　　(17) $1\dfrac{3}{5}\left(\dfrac{8}{5}\right)$ L

4

(18) 320000 人　　(19) 76000 人

5

(20) $9.37 - 2.63 = 6.74$

答　6.74 kg

(21) 9 kg

6

(22) $\bigcirc + \triangle = 9$　　(23) 7 cm

7

(24) 45 度　　(25) 130 度

8

(26) 辺シサ　　(27) 点ウ，点キ

(28) 面○い，面○う，面○え，面○お

9

(29) 4 点

(30) 34 点

第 3 回

1

(1) 823　　　　(2) 2429

(3) 288　　　　(4) 1932

(5) 6　　　　　(6) 34

(7) 23　　　　(8) 25

(9) 7.22　　　(10) 4.48

(11) $\dfrac{5}{7}$　　　(12) $\dfrac{2}{13}$

2

(13) 0.48 kg　　(14) 7300 m

(15) 90 m^2

3

(16) 20 度　　(17) 12 時

(18) ③

4

(19) 67.47

(20) 50.69

5

(21) 二等辺三角形

(22) 正三角形　　(23) ひし形

6

(24) 8　　　　(25) 15

(26) 30

7

(27) 60 cm^2

(28) 小さい方の長方形の面積は，

$4 \times 2 = 8$（cm^2）

$60 - 8 = 52$

答　52 cm^2

8

(29) 10

(30) けんじさん 2 と 3，ひろきさん

1 と 5，みさとさん 4 と 6

第 4 回

1

(1) 801 　(2) 1777

(3) 747 　(4) 8346

(5) 7 　(6) 31

(7) 32 　(8) 224

(9) 5.24 　(10) 2.74

(11) $\dfrac{5}{9}$ 　(12) $\dfrac{3}{5}$

2

(13) 6300 kg 　(14) 50000 m^2

(15) 327 秒

3

(16) 18.795km 　(17) 2.79 kg

4

(18) 一億（100000000）

(19) 46784000000

5

(20) 312 ÷ 13 = 24

答 24 人

(21) 350 円

6

(22) 16 　(23) ○ × 4 = △

(24) 40cm

7

(25) 235 度

(26)

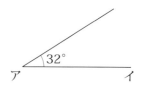

8

(27) 辺オカ，辺カキ，辺キク，辺クオ

(28) 面あ，面い，面う，面え

9

(29) 6 × 6 − 5 × 5 = 5 × 2 + 1

(30) 153

1

(1) 926 　(2) 4238

(3) 329 　(4) 7824

(5) 9 　(6) 41

(7) 25 　(8) 51

(9) 8.84 　(10) 2.75

(11) $\dfrac{6}{7}$ 　(12) $\dfrac{6}{7}$

2

(13) 80 km^2 　(14) 700 m^2

(15) 100 ha

3

(16) 4 分間 　(17) 2L

(18) 5 分後

4

(19) 6 cm 　(20) 16 cm

5

(21) 10cm　　　　(22) 6cm

(23) 90度

6

(24) 30　　　　　(25) ○＋△＝9

(26) つるが6ひき，かめが3びき

7

(27) 216 cm^2

(28) たての長さを□cm とすると，

□×18＝216

□＝216÷18＝12

答 12 cm

8

(29) 1，4，7

(30) 594

第1回

● 58 ページ

1 (1) ① 653 　　② 863

　　③ 655

● 59 ページ

1 (2) ① 3358 　　② 2546

　　③ 3269

● 60 ページ

1 (3) ① 384 　　② 315

　　③ 280

1 (4) ① 1504 　　② 4828

　　③ 2044

● 61 ページ

1 (5) ① 8 　　② 8

　　③ 5

1 (6) ① 42 　　② 21

　　③ 22

● 63 ページ

1 (7) ① 26 　　② 26

　　③ 18

1 (8) ① 24 　　② 27

　　③ 96

● 64 ページ

1 (9) ① 8.52 　　② 7.92

　　③ 9.02

● 65 ページ

1 (10) ① 5.38 　　② 4.14

　　③ 3.09

● 66 ページ

1 (11) ① $\dfrac{3}{7}$ 　　② $\dfrac{9}{11}$

　　③ $1\dfrac{1}{5}$ $\left(\dfrac{6}{5}\right)$

1 (12) ① $\dfrac{4}{7}$ 　　② $\dfrac{4}{11}$

　　③ $\dfrac{7}{9}$

● 67 ページ

2 (13) ① 54 　　② 78000

　　③ 3.2

2 (14) ① 438 　　② 146

　　③ 25

● 68 ページ

2 (15) ① 3000000 　② 23

　　③ 300

● 70 ページ

3 　① 10 万人

　　②およそ 90 万人

● 72 ページ

4 　① 64cm

② 160cm

● 75 ページ

⑤　①長方形，正方形

　　②ひし形，正方形

　　③平方四辺形，長方形，ひし形，

　　　正方形

● 78 ページ

⑥　① 10　　　　　② 8

● 80 ページ

⑦　① 900m²　　　② 20m

● 82 ページ

⑧　① 2 ＋ 4 ＋ 6 ＋ 8 ＋ 10 ＋ 12

　　＝ 6 × 7

　　② 110

第 2 回

● 83 ページ

① (1) ① 703　　　　② 910

　　③ 810

● 84 ページ

① (2) ① 3089　　　② 2375

　　③ 4265

● 85 ページ

① (3) ① 308　　　　② 448

　　③ 276

① (4) ① 2067　　　② 1104

　　③ 2730

● 86 ページ

① (5) ① 6　　　　　② 6

　　③ 9

① (6) ① 24　　　　② 32

　　③ 31

● 88 ページ

① (7) ① 17　　　　② 28

　　③ 25

① (8) ① 22　　　　② 26

③ 171

● 89 ページ

① (9) ① 8.52　　　② 7.11

　　③ 8.73

● 90 ページ

① (10) ① 6.09　　　② 4.64

　　③ 3.27

① (11) ① $\dfrac{7}{9}$　　　　② $\dfrac{11}{13}$

　　③ $1\dfrac{4}{7}$ $\left(\dfrac{11}{7}\right)$

● 91 ページ

① (12) ① $\dfrac{7}{9}$　　　　② $\dfrac{5}{13}$

　　③ $\dfrac{3}{7}$

● 92 ページ

② (13) ① 7200　　　② 46

　　③ 0.28

② (14) ① 6，26　　　② 225

　　③ 157

● 93 ページ

2 (15) ① 70000　　② 5.8

　　 ③ 2.9

● 95 ページ

3 　① $2\frac{2}{7}$ $\left(\frac{16}{7}\right)$ m

　 ② $2\frac{6}{7}$ $\left(\frac{20}{7}\right)$ m

● 97 ページ

4 　① 57000000

　 ② 850000

● 99 ページ

5 　① 1.92kg　　② 6kg

● 101 ページ

6 　① 6 ×○=△　② 54cm^2

● 103 ページ

7 　① 65°　　　② 110°

● 106 ページ

8 　①辺カオ　　　②点シ，点セ

　 ③面あ，面い，面え，面か

● 108 ページ

9 　① 3 点　　　② 8 点

第3回

● 109 ページ

1 (1) ① 783　　② 790

　　 ③ 907

● 110 ページ

1 (2) ① 2840　　② 1593

　　 ③ 5765

● 111 ページ

1 (3) ① 738　　② 343

　　 ③ 472

1 (4) ① 1276　　② 2109

　　 ③ 1904

● 112 ページ

1 (5) ① 9　　　② 8

　　 ③ 8

● 113 ページ

1 (6) ① 30　　　② 13

　　 ③ 21

● 114 ページ

1 (7) ① 28　　　② 36

　　 ③ 48

● 115 ページ

1 (8) ① 20　　　② 32

　　 ③ 9

● 116 ページ

1 (9) ① 8.63　　② 8.07

　　 ③ 7.24

● 117 ページ

1 (10) ① 4.53　　② 2.32

　　 ③ 3.74

1 (11) ① $\frac{8}{9}$　　　② $\frac{7}{11}$

　　 ③ $1\frac{2}{5}$ $\left(\frac{7}{5}\right)$

1 (12) ① $\dfrac{2}{7}$ ② $\dfrac{6}{11}$

      ③ $\dfrac{4}{7}$

● 118 ページ

2 (13) ① 0.73   ② 8.5

      ③ 5300

● 119 ページ

2 (14) ① 6800   ② 0.23

      ③ 23000

● 120 ページ

2 (15) ① 65000   ② 0.37

      ③ 385

● 123 ページ

3   ① 24 度   ② 25 度

● 124 ページ

4   ① 40.22   ② 65.69

● 127 ページ

5   ① 長方形   ② ひし形

    ③ 平行四辺形

● 130 ページ

6   ① 6   ② 23

● 131 ページ

7   ① 144cm^2 ② 120cm^2

● 133 ページ

8   みちよさん 1 と 6，
    けんとさん 3 と 4，
    とおるさん 2 と 5

第4回

● 134 ページ

1 (1) ① 681   ② 465

      ③ 743

● 135 ページ

1 (2) ① 3199   ② 2634

      ③ 4833

● 136 ページ

1 (3) ① 112   ② 261

      ③ 258

1 (4) ① 7595   ② 7452

      ③ 5423

● 137 ページ

1 (5) ① 7   ② 7

      ③ 6

1 (6) ① 32   ② 33

      ③ 20

● 139 ページ

1 (7) ① 26   ② 19

      ③ 35

● 140 ページ

1 (8) ① 25   ② 35

      ③ 78

1 (9) ① 8.45   ② 8.45

      ③ 8.42

● 141 ページ

1 (10) ① 3.25   ② 1.81

③ 1.74

● 142 ページ

1 (11) ① $\frac{4}{7}$ ② $\frac{10}{13}$

③ $1\frac{2}{9}$ $\left(\frac{11}{9}\right)$

1 (12) ① $\frac{4}{9}$ ② $\frac{5}{17}$

③ $\frac{6}{7}$

● 143 ページ

2 (13) ① 3400   ② 480
③ 0.76

● 144 ページ

2 (14) ① 46000   ② 3.9
③ 378

● 145 ページ

2 (15) ① 509   ② 408
③ 4, 35

● 147 ページ

3 ① 4.58kg   ② 3.28L

● 148 ページ

4 ① 百万（1000000）

② 7500000000

● 150 ページ

5 ① 23 人   ② 260 円

● 153 ページ

6 ① 252
② 63 ×○=△
③ 15 まい

● 157 ページ

7 ① 255°
②

42°

● 159 ページ

8 ① 面あ, 面う, 面お, 面か
② 辺アオ, 辺イカ, 辺ウキ,
辺エク

● 161 ページ

9 ① 8 × 8 − 6 × 6
= 6 × 4 + 4
② 104

第5回

● 162 ページ

1 (1) ① 803   ② 940
③ 877

● 163 ページ

1 (2) ① 2799   ② 3159

③ 5383

● 164 ページ

1 (3) ① 441   ② 245
③ 544

1 (4) ① 7391   ② 6664

③ 7245

● 165 ページ

$\boxed{1}$ (5) ① 8　　　　　② 9

　　　③ 9

$\boxed{1}$ (6) ① 43　　　　② 22

　　　③ 21

● 166 ページ

$\boxed{1}$ (7) ① 28　　　　② 28

　　　③ 41

● 167 ページ

$\boxed{1}$ (8) ① 16　　　　② 55

　　　③ 8

● 168 ページ

$\boxed{1}$ (9) ① 7.56　　　② 8.36

　　　③ 9.41

● 169 ページ

$\boxed{1}$ (10) ① 0.89　　　② 1.76

　　　③ 2.48

$\boxed{1}$ (11) ① $\dfrac{5}{7}$　　　　② $\dfrac{8}{11}$

　　　③ $1\dfrac{4}{9}\left(\dfrac{13}{9}\right)$

● 170 ページ

$\boxed{1}$ (12) ① $\dfrac{4}{7}$　　　　② $\dfrac{5}{11}$

　　　③ $\dfrac{8}{9}$

● 171 ページ

$\boxed{2}$ (13) ① 45　　　　② 540000

　　　③ 0.036

$\boxed{2}$ (14) ① 130　　　② 73000

　　　③ 38

● 172 ページ

$\boxed{2}$ (15) ① 70　　　　② 650

　　　③ 9.8

● 175 ページ

$\boxed{3}$ 　① 2L　　　　② 10 分後

　　③ 15 分間

● 178 ページ

$\boxed{4}$ 　① 10cm　　　② 1cm

● 180 ページ

$\boxed{5}$ 　① 55°　　　　② 125°

　　③ 7cm

● 183 ページ

$\boxed{6}$ 　① 44

　　②○＋△＝ 10　③ 6 こ

● 185 ページ

$\boxed{7}$ 　① 576cm^2　　② 48cm

● 187 ページ

$\boxed{8}$ 　① 1, 5, 8　　② 815

第1回

解答用紙　　　解説・解答 ▶ p.58 ～ p.82　　解答一覧 ▶ p.188

1	(1)		**1**	(11)	
	(2)			(12)	
	(3)		**2**	(13)	t
	(4)			(14)	秒
	(5)			(15)	m²
	(6)		**3**	(16)	mm
	(7)			(17)	月
	(8)			(18)	mm
	(9)		**4**	(19)	
	(10)			(20)	

拡大コピーしてご利用ください。解答らんに書ききれない場合は別紙に書いてください。

5	(21)	
	(22)	
	(23)	
6	(24)	人
	(25)	
	(26)	
7	(27)	m²
	(28)	答え　　　　　m
8	(29)	
	(30)	

＊本書では，合格基準を 21 問（70%）以上としています。

第2回

解答用紙　　　解説・解答▶ p.83 ～ p.108　　解答一覧▶ p.188 ～ p.189

1	(1)			1	(11)	
	(2)				(12)	
	(3)			2	(13)	g
	(4)				(14)	分　　秒
	(5)				(15)	cm^2
	(6)			3	(16)	L
	(7)				(17)	L
	(8)			4	(18)	人
	(9)					
	(10)				(19)	人

　拡大コピーしてご利用ください。解答らんに書ききれない場合は別紙に書いてください。

5	(20)	
		答え　　　　　　kg
	(21)	kg

6	(22)	
	(23)	cm

7	(24)	度
	(25)	度

8	(26)	
	(27)	
	(28)	

9	(29)	点
	(30)	点

＊本書では，合格基準を 21 問（70%）以上としています。

第3回

1			1		
	(1)			(11)	
	(2)			(12)	
	(3)		2	(13)	kg
	(4)			(14)	m
	(5)			(15)	m²
	(6)		3	(16)	度
	(7)			(17)	時
	(8)			(18)	
	(9)		4	(19)	
	(10)			(20)	

拡大コピーしてご利用ください。解答らんに書ききれない場合は別紙に書いてください。

5	(21)	
	(22)	
	(23)	
6	(24)	
	(25)	
	(26)	
7	(27)	
	(28)	答え _____
8	(29)	
	(30)	

＊本書では，合格基準を 21 問（70%）以上としています。

第4回

解答用紙　　解説・解答 ▶ p.134 〜 p.161　　解答一覧 ▶ p.190

1				1	(11)	
	(1)					
	(2)				(12)	
	(3)			2	(13)	kg
	(4)				(14)	m^2
	(5)				(15)	秒
	(6)			3	(16)	km
	(7)				(17)	kg
	(8)			4	(18)	
	(9)					
	(10)				(19)	

拡大コピーしてご利用ください。解答らんに書ききれない場合は別紙に書いてください。

標準
解答時間
50分

5	(20)	答え　　　　　　　　人
	(21)	円
6	(22)	
	(23)	
	(24)	cm
7	(25)	度
	(26)	_____ ア　　　　　　　　イ
8	(27)	
	(28)	
9	(29)	
	(30)	

＊本書では，合格基準を 21 問（70%）以上としています。

第5回

解答用紙　　解説・解答 ▶ p.162 ～ p.187　解答一覧 ▶ p.190 ～ p.191

1				1		
	(1)				(11)	
	(2)				(12)	
	(3)			2	(13)	km^2
	(4)				(14)	m^2
	(5)				(15)	ha
	(6)			3	(16)	分間
	(7)				(17)	L
	(8)				(18)	分後
	(9)			4	(19)	
	(10)				(20)	

拡大コピーしてご利用ください。解答らんに書ききれない場合は別紙に書いてください。

5	(21)	cm
	(22)	cm
	(23)	度
6	(24)	
	(25)	
	(26)	
7	(27)	
	(28)	答え
8	(29)	
	(30)	

＊本書では，合格基準を 21 問（70%）以上としています。

本書に関する正誤等の最新情報は，下記のアドレスでご確認ください。

http://www.s-henshu.info/sk8hs2312/

上記アドレスに掲載されていない箇所で，正誤についてお気づきの場合は，書名・発行日・質問事項（ページ・問題番号）・氏名・郵便番号・住所・FAX番号を明記の上，郵送またはFAXでお問い合わせください。

※電話でのお問い合わせはお受けできません。

【宛先】　コンデックス情報研究所「本試験型 算数検定8級 試験問題集」係
　　　　　住所　〒359-0042　埼玉県所沢市並木3-1-9
　　　　　FAX番号　04-2995-4362（10：00 ～ 17：00 土日祝日を除く）

※本書の正誤に関するご質問以外はお受けできません。また受検指導などは行っておりません。
※ご質問の到着確認後10日前後に，回答を普通郵便またはFAXで発送いたします。
※ご質問の受付期限は，試験日の10日前必着といたします。ご了承ください。

監修：小宮山 敏正（こみやま としまさ）

東京理科大学理学部応用数学科卒業後，私立明星高等学校数学科教諭として勤務。

編著：コンデックス情報研究所

1990年6月設立。法律・福祉・技術・教育分野において，書籍の企画・執筆・編集，大学および通信教育機関との共同教材開発を行っている研究者，実務家，編集者のグループ。

イラスト：蒔田恵実香

企画編集：成美堂出版編集部

本試験型 算数検定8級試験問題集

監　修　小宮山敏正
編　著　コンデックス情報研究所
発行者　深見公子
発行所　成美堂出版
　　　　〒162-8445　東京都新宿区新小川町1-7
　　　　電話(03)5206-8151　FAX(03)5206-8159
印　刷　大盛印刷株式会社

©SEIBIDO SHUPPAN 2020 PRINTED IN JAPAN
ISBN978-4-415-23112-9
落丁・乱丁などの不良本はお取り替えします
定価はカバーに表示してあります